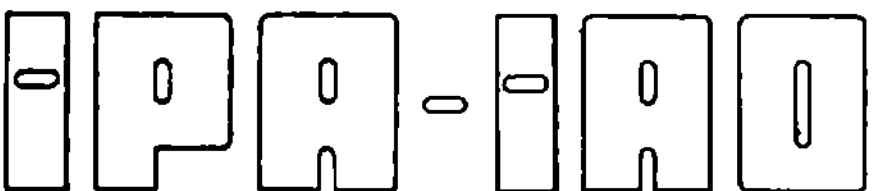

Forschung und Praxis

Band 107

Berichte aus dem
Fraunhofer-Institut für Produktionstechnik
und Automatisierung (IPA), Stuttgart,
Fraunhofer-Institut für Arbeitswirtschaft
und Organisation (IAO), Stuttgart, und
Institut für Industrielle Fertigung und
Fabrikbetrieb der Universität Stuttgart

Herausgeber: H. J. Warnecke und H.-J. Bullinger

Daegab Gweon

Fügen von biegeschlaffen Steckkontakten mit Industrierobotern

Mit 13 Abbildungen

Springer-Verlag
Berlin Heidelberg New York
London Paris Tokyo 1987

Daegab Gweon, Master of Science

Fraunhofer-Institut für Produktionstechnik und Automatisierung (IPA), Stuttgart

Dr.-Ing. H. J. Warnecke

o. Professor an der Universität Stuttgart
Fraunhofer-Institut für Produktionstechnik und Automatisierung (IPA), Stuttgart

Dr.-Ing. habil. H.-J. Bullinger

o. Professor an der Universität Stuttgart
Fraunhofer-Institut für Arbeitswirtschaft und Organisation (IAO), Stuttgart

D 93

ISBN-13:978-3-540-18134-7   e-ISBN-13:978-3-642-83175-1
DOI: 10.1007/978-3-642-83175-1

Die Wiedergabe von Gebrauchsnamen, Handelsnamen, Warenbezeichnungen usw. in diesem Werk berechtigt auch ohne besondere Kennzeichnung nicht zu der Annahme, daß solche Namen im Sinne der Warenzeichen- und Markenschutz-Gesetzgebung als frei zu betrachten wären und daher von jedermann benutzt werden dürften.

Sollte in diesem Werk direkt oder indirekt auf Gesetze, Vorschriften oder Richtlinien (z.B. DIN, VDI, VDE) Bezug genommen oder aus ihnen zitiert worden sein, so kann der Verlag keine Gewähr für Richtigkeit, Vollständigkeit oder Aktualität übernehmen. Es empfiehlt sich, gegebenenfalls für die eigenen Arbeiten die vollständigen Vorschriften oder Richtlinien in der jeweils gültigen Fassung hinzuzuziehen.

Gesamtherstellung: Copydruck GmbH, Heimsheim
2362/3020−543210

<u>Geleitwort der Herausgeber</u>

Futuristische Bilder werden heute entworfen:

o Roboter bauen Roboter,

o Breitbandinformationssysteme transferieren riesige Datenmengen in
  Sekunden um die ganze Welt.

Von der "menschenleeren Fabrik" wird da gesprochen und vom "papierlo-
sen Büro". Wörtlich genommen muß man beides als Utopie bezeichnen,
aber der Entwicklungstrend geht sicher zur "automatischen Fertigung"
und zum "rechnerunterstützten Büro". Forschung bedarf der Perspektive,
Forschung benötigt aber auch die Rückkopplung zur Praxis – insbeson-
dere im Bereich der Produktionstechnik und der Arbeitswissenschaft.

Für eine Industriegesellschaft hat die Produktionstechnik eine Schlüs-
selstellung. Mechanisierung und Automatisierung haben es uns in den
letzten Jahren erlaubt, die Produktivität unserer Wirtschaft ständig
zu verbessern. In der Vergangenheit stand dabei die Leistungssteigerung
einzelner Maschinen und Verfahren im Vordergrund. Heute wissen wir, daß
wir das Zusammenspiel der verschiedenen Unternehmensbereiche stärker
beachten müssen. In der Fertigung selbst konzipieren wir flexible Fer-
tigungssysteme, die viele verkettete Einzelmaschinen beinhalten. Dort,
wo es Produkt und Produktionsprogramm zulassen, denken wir intensiv
über die Verknüpfung von Konstruktion, Arbeitsvorbereitung, Fertigung
und Qualitätskontrolle nach. Rechnerunterstützte Informationssysteme
helfen dabei und sollen zum CIM (Computer Integrated Manufacturing)
führen und CAD (Computer Aided Design) und CAM (Computer Aided Manufacturing) vereinen. Auch die Büroarbeit wird neu durchdacht und mit
Hilfe vernetzter Computersysteme teilweise automatisiert und mit den
anderen Unternehmensfunktionen verbunden. Information ist zu einem
Produktionsfaktor geworden, und die Art und Weise, wie man damit umgeht,
wird mit über den Unternehmenserfolg entscheiden.

Der Erfolg in unseren Unternehmen hängt auch in der Zukunft entscheidend von den dort arbeitenden Menschen ab. Rationalisierung und Automatisierung müssen deshalb im Zusammenhang mit Fragen der Arbeitsgestal-
tung betrieben werden, unter Berücksichtigung der Bedürfnisse der Mitarbeiter und unter Beachtung der erforderlichen Qualifikationen. Investitionen in Maschinen und Anlagen müssen deshalb in der Produktion wie
im Büro durch Investitionen in die Qualifikation der Mitarbeiter be-
gleitet werden. Bereits im Planungsstadium müssen Technik, Organisation
und Soziales integrativ betrachtet und mit gleichrangigen Gestaltungs-
zielen belegt werden.

Von wissenschaftlicher Seite muß dieses Bemühen durch die Entwicklung
von Methoden und Vorgehensweisen zur systematischen Analyse und Ver-
besserung des Systems Produktionsbetrieb einschließlich der erforderlichen Dienstleistungsfunktionen unterstützt werden. Die Ingenieure
sind hier gefordert, in enger Zusammenarbeit mit anderen Disziplinen,
z. B. der Informatik, der Wirtschaftswissenschaften und der Arbeitswissenschaft, Lösungen zu erarbeiten, die den veränderten Randbedingungen
Rechnung tragen.

Beispielhaft sei hier an den großen Bereich der Informationsverarbei-
tung im Betrieb erinnert, der von der Angebotserstellung über Konstruktion und Arbeitsvorbereitung, bis hin zur Fertigungssteuerung und Qualitätskontrolle reicht. Beim Materialfluß geht es um die richtige Aus-

wahl und den Einsatz von Fördermitteln sowie Anordnung und Ausstattung
von Lagern. Große Aufmerksamkeit wird in nächster Zukunft auch der
weiteren Automatisierung der Handhabung von Werkstücken und Werkzeu-
gen sowie der Montage von Produkten geschenkt werden.

Von der Forschung muß in diesem Zusammenhang ein Beitrag zum Einsatz
fortschrittlicher intelligenter Computersysteme erfolgen. Planungs-
prozesse müssen durch Softwaresysteme unterstützt und Arbeitsbedingun-
gen wissenschaftlich analysiert und neu gestaltet werden.

Die von den Herausgebern geleiteten Institute, das

- Institut für Industrielle Fertigung und Fabrikbetrieb der Universität
  Stuttgart (IFF),

- Fraunhofer-Institut für Produktionstechnik und Automatisierung (IPA),

- Fraunhofer-Institut für Arbeitswirtschaft und Organisation (IAO)

arbeiten in grundlegender und angewandter Forschung intensiv an den
oben aufgezeigten Entwicklungen mit. Die Ausstattung der Labors und
die Qualifikation der Mitarbeiter haben bereits in der Vergangenheit
zu Forschungsergebnissen geführt, die für die Praxis von großem
Wert waren. Zur Umsetzung gewonnener Erkenntnisse wird die Schriftenreihe "IPA-IAO - Forschung und Praxis" herausgegeben. Der vorliegende
Band setzt diese Reihe fort. Eine Übersicht über bisher erschienene
Titel wird am Schluß dieses Buches gegeben.

Dem Verfasser sei für die geleistete Arbeit gedankt, dem Springer-
Verlag für die Aufnahme dieser Schriftenreihe in seine Angebotspa-
lette und der Druckerei für saubere und zügige Ausführung. Möge das
Buch von der Fachwelt gut aufgenommen werden.

H. J. Warnecke · H.-J. Bullinger

Vorwort

Die vorliegende Arbeit entstand während meiner Tätigkeit als
wissenschaftlicher Mitarbeiter am Fraunhofer-Institut für
Produktionstechnik und Automatisierung (IPA), Stuttgart.

Vor allem danke ich dem Leiter des Institutes, Herrn Prof.
Dr.-Ing. H. -J. Warnecke, für seine großzügige Förderung,
die entscheidend zur erfolglichen Durchführung der Arbeit
beigetragen hat.

Herrn Prof. Dr.-Ing. G. Pritschow danke ich für die Übernahme
des Korreferates und für die vielen wertvollen Hinweise, die
sich daraus ergaben.

Ebenso danke ich allen Mitarbeitern des Institutes, die mich
durch anregende Kritik unterstützt haben. Aus diesem Kreise
möchte ich die Herrn Dr.-Ing. J. Walther, Dr.-Ing. M. Schweizer,
Dipl.-Ing. G. Schlaich und Dipl.-Ing. B. Frankenhauser besonders
erwähnen.

Außerdem möchte ich mich beim Korea Advanced Institut of Science
and Technology und bei der Korea Science and Engineering Foun-
dation für die Unterstützung, die meine wissenschaftliche Aus-
bildung am obigen Institut ermöglicht hat, sehr bedanken.

Stuttgart, im April 1987   Daegab Gweon

0   Abkürzungen

a   mm   Länge des Gummistabes
b   mm   Schwingbreite
B   mm   Breite des Kontakts
Cx, Cy   mm   Toleranzen in X- und Y-Richtung
d   mm   Durchmesser des Gummistabes
E   N/mm^2 Elastizitätsmodul des Gummistabes
Ex, Ey   mm   Positionsabweichungen in X- und Y-Richtung
Eb, El   mm   Quer- und Längsrichtungsposition des Kontakts
Ew   Grad   Winkelabweichung
Ev   mm   Kameraauflösung
fx, fy   Hz   Frequenzen in X- und Y-Richtung
Fg   N   Grenzfügekraft
Fk   N   Knickkraft
Fs   N   Fügekraft
Fx, Fy   N   Biegekräfte in X- und Y-Richtung
G   N/mm^2 Schubmodul des Gummistabes
H   -   Koeffizientenmatrix
I   mm^4 Flächenträgheitsmoment
Ip   mm^4 polares Trägheitsmoment
K   -   Koordinatenmatrix des modifizierten Loches
kf   N/mm^2 Federkonstante
Kw   Grad   Orientierung des modifizierten Loches
L   -   Koordinatenmatrix des Loches
Mx, My   N.mm   Kippmomente in X- und Y-Richtung
Mz   N.mm   Torsionsmoment
n   -   Sicherheitsgrad
N   -   Nutzwert
p   Grad   Orientierung des Steckers
P   s   Periode
q   Grad   Orientierung des Loches
R   N   Gegenkraft
S   -   Koordinatenmatrix des Steckers
t   s   Fügezeit
T   -   Transformationsmatrix

Ux, Uy	Grad	Kippwinkel in X- und Y-Richtung
U	mm	Breite des unempfindlichen Bereiches
V	mm/s	Fügegeschwindigkeit
w	Grad	Orientierung des Kontakts
W	Grad	Verdrehwinkel
ADX, DDY, ADZ	V	Kenngrößen zur Kennzeichnung der Ausgleichsrichtung in Volt
VRX, VLX	V	Meßwerte der Dehnungsmeßstreifen SRX und SLX
VRXO, VLXO	V	Ausgangswerte der Dehnungsmeßstreifen SRX und SLX
VKS	-	Kamerakoordinatensystem
SKS	-	Steckerkoordinatensystem
LKS	-	Lochkoordinatensystem
KKS	-	Kontaktkoordinatensystem

Indizes

v	-	Kamerakoordinatensystem
s	-	Steckerkoordinatensystem
l	-	Lochkoordinatensystem

1   Einleitung

1.1   Problemstellung

Der Bereich der Montage gilt als Schwerpunkt für zukünftige Ra-
tionalisierungsmaßnahmen in der Produktion /1/. Bei Betrieben mit
Serienmontage sind durchschnittlich 15 % der betrieblichen
Gesamtinvestitionen in den nächsten Jahren für die Montageautomatisierung vorgesehen /2/.

Die Kabelbaummontage ist durch ein sehr geringes Automatisie-
rungsniveau gekennzeichnet. Bei manueller Montage der Kabelbäume
sind lange Anlernzeiten für Montagewerker wegen:
- großer Arbeitsinhalte
- hoher Variantenzahl
- hoher Komplexität der Kabelbäume
- komplizierte Montagevorgänge usw.
erforderlich.
Bei der Automatisierung der Kabelbaummontage haben nicht nur
wirtschaftliche Gesichtspunkte sondern auch Qualitätssicherungs-
aspekte eine besondere Bedeutung.
Bei der flexiblen Automatisierung der Kabelbaummontage ist der
Fügevorgang, bei dem der am Kabelende angeschlagene Kontakt in
das Loch des Steckers gefügt wird, als besonders schwierig an-
zusehen. Es fehlen dafür zur Zeit noch die geeigneten,praxis-
reifen Automatisierungstechniken.

1.2   Zielsetzung

Beim Fügen der Kontakte sind die Nachgiebigkeit des Kabels und
die Vielfältigkeit der Kontaktformen die hauptsächlichsten Automatisierungshemmnisse. Außer einem Mangel an praxisreifen,
wirtschaftlich einsetzbaren Techniken zum Fügen der Kontakte
fehlt es derzeit auch an den grundlegenden Erkenntnissen über
Lösungsansätze zur Beseitigung der Automatisierungshemmnisse.

Es ist daher Ziel dieser Arbeit eine geeignete Automatisierungstechnologie zu entwickeln. mit der die an den Kabelenden ange-
schlossenen Kontakte in die Löcher der Steckergehäuse gefügt
werden können. Mit dieser Automatisierungstechnologie wird die
zukünftige Montageautomatisierung von Kabelbäumen mit Crimp-
anschlußverbindern* ermöglicht.
Dazu sollen die Automatisierungshemmnisse dargestellt und die
technischen Grundlagen über die Kabelbaummontage und die Fügetechnik systematisch ermittelt werden. Aufgrund der gewonnenen
Erkenntnisse sollen Verfahren zur Lösung technischer Grund-
probleme der Fügeautomatisierung der Kontakte entwickelt und
erprobt werden.

1.3 Vorgehensweise

Ausgehend von einer Analyse des gegenwärtigen Standes der Technik
wird der Istzustand der Kabelbaummontage und der Fügetechnik
systematisch untersucht. Aus den Ergebnissen dieser Istzustands-
analyse werden die Anforderungen an zu entwickelnde Verfahren
aufgestellt. Aufgrund der gewonnenen Erkenntnisse werden Lösungsalternativen aufgestellt, bewertet und ausgewählt.

Die Entwicklung der Verfahren basiert jeweils auf einer theore-
tischen Untersuchung. Die entwickelten Lösungen wurden in einer
Versuchsanlage erprobt. Anschließend werden die entwickelten
Verfahren beurteilt und die Grenzen des Einsatzes der Verfahren
ermittelt und aufgezeigt.

* Bei dieser Verbindungsart werden die Crimp-Kontakte in die
  Steckergehäuse eingeschoben und mit einer Schnappverbindung
  arretiert.

2   Stand der Technik

2.1   Kabelbaummontagesysteme

Der Kabelbaum ist ein wichtiger Bestandteil aller Arten von Ge-
räten, die elektrische Schaltungen enthalten, wie Automobile,
Haushaltsgeräte,Bürogeräte usw.. Aufgrund der hohen Lohnkosten
und des umfangreichen Montagevolumens der Kabelbäume ist eine
Automatisierung notwendig.
Es gibt verschiedene Vorrichtungen, die die Kabel automatisch
ablängen, abisolieren, crimpen und markieren können.
In der Industrie steht aber kein integriertes Kabelbaummontage-
system zur Verfügung, mit dem der ganze Montageablauf voll-
automatisch durchgeführt werden kann.

Bisher wurden 14 teilautomatisierte Kabelbaummontagesysteme
(Bundesrepublik Deutschland 3,Japan 4,USA 3,DDR 1,Großbritannien
1,UdSSR 1,Schweden 1) entwickelt. Alle Montagesysteme wurden nach
1975 entwickelt und die meisten sind bereits patentiert.
10 Systeme sind zwischen 1980 und 1985 entwickelt worden.

In Bild 1 sind die ermittelten Montagesysteme und ihre Montage-
fähigkeiten dargestellt. Die meisten entwickelten Montagesysteme
können nur die einfachen Montagevorgänge wie z.B. Verlegen,
Abbinden usw. ausführen. Außerdem sind diese Systeme in den zu
montierenden Kabelbaumvarianten stark eingeschränkt.

Bei der Kabelbaummontage ist der Fügevorgang, bei dem die an den
Kabelenden angeschlagenen Kontakte in die Löcher der Crimpan-
schlußverbinder gesteckt werden, besonders schwierig und wie
Bild 1 zeigt, wurden bisher nur zwei Versuche zum Lösen dieses
Fügeproblems durchgeführt.

Die ersten Versuche unternahm die Fa. Unimation, USA zum Fügen
von runden Kontakten /3/. Diese Versuche wurden aber schon in
der Konzeptionsphase beendet.

Die Komplettmontage von Kabelbäumen hat Fa. IBM im Werk Järfälla
in Schweden mit einem Portalroboter RS-1 verwirklicht /4/.
Bei diesem Montagesystem können aber nur eine Kabel- und Kon-
taktsorte wegen der vorwiegend starren Kabelkonfektionierung
montiert werden. Außerdem dauert der Fügevorgang mehr als 30
Sekunden pro Kontakt. Für praktische Industrieanwendung kann
dieses Montagesystem keine geeignete Lösung sein.

Montagesystem (Anwender)	Montageaufgabe										Literatur
	Ablängen	Abisolieren	Crimpen	Verlegen	Stecken	Löten	Aufwickeln	Kabelmarkieren	Abbinden	Prüfen	
Siemens I BR-Deutschland	●	●		●			●				5
Siemens II BR-Deutschland	●			●							6
Egorenkov UdSSR	●			●		●					7
Int. Business Maschines USA	●			●		●					8
MBB BR-Deutschland	●			●				●			9
Western Electric USA	●			●			●				10
VEB Elektromat DDR	●			●			●				11
Lansing-Baguall Großbritannien	●			●			●				12
Nippon Seizo I Japan	●			●							13
Nippon Seizo II Japan	●			●							14
Yazaki I Japan	●	●		●		●			●		15
Yazaki II Japan	●	●	●	●					●		16
Unimation USA	○	○	○	○	○			○	○	○	3
IBM in Järfälla Schweden	●	●	●	●	●				●		4

○ Konzeptionsphase   ● Erprobungs- oder Produktionsphase

Bild 1.   Kabelbaummontagesysteme

2.2   Fügetechnik

Seit Anfang der 70er Jahre sind viele Untersuchungen über Fügemethoden durchgeführt und viele Fügemechanismen entwickelt worden.

Zum Ausgleich der Positionierabweichungen in der XY-Ebene und der Orientierungsabweichungen in drei Richtungen wurde ein Fügemechanismus, genannt RCC vom Charles Stark Draper Lab.,USA, entwickelt /17,18/. Bisher wurden viele RCC-ähnliche Konzepte auch von anderen Instituten vorgestellt /19,20,21,22,23/.
Bei dieser Methode ist die Fügezeit sehr kurz, während die zulässigen Lageabweichungen innerhalb des Fasenbereichs liegen müssen.

Bei der Montage kleiner Teile werden die Luftströmungskräfte, die durch Absaugen oder Ausstrahlen in die Öffnung des Lochteils einfließen, benutzt /24,25,26,27/. Diese Luftströmungsmethode ist nur beim Fügen von Teilen mit kleinen Abmessungen und Gewicht anwendbar. Außerdem müssen die Fügeteile hoch flexibel sein, damit der Fügemechnismus durch die kleine Strömungskraft leicht verschoben werden kann. Bei dieser Methode können jedoch relativ große Lageabweichungen ausgeglichen werden.

Von der TH Karl-Marx-Stadt,DDR, wurde ein vibrierender Fügemechanismus zur Montage starrer Fügeteile enwickelt /28/. Dabei ist eine Vibration in der Fügerichtung aufgrund der Struktur des Vibrationsmechanismus unvermeidbar. Beim Fügen der biegeschlaffen Teile können die Teile durch diese Vibration geknickt werden.

Von der Fa. Hitachi, Japan, wurde eine erste Lösung für einen sensorgesteuerten Fügemechanismus, die sogenannte HI-T-Hand, im Jahre 1972 entwickelt /29,30/. Mit Hilfe eines am Greifer angebrachten taktilen Sensors wurde dabei die Lage der Montageteile gesucht. Ähnliche Fügemechanismen mit taktilen Sensoren haben bisher auch andere Forscher entwickelt/31,32,33,34,35/. Bei dieser Methode sind relativ große Lageabweichungen unabhängig von Fasen zulässig, während im allgemeinen lange Suchzeiten erforderlich sind.

Zum Erkennen der Lage und Kontur des Montageteils wurden
verschiedene taktile Matrixsensoren entwickelt
/36,37,38,39,40,41/. Wegen der mechnischen und produktionstechnischen Beschränkungen sind die Auflösungen der taktilen
Matrixsensoren im allgemeinen sehr niedrig und die Ein- und
Rückstellzeiten der Sensorsignale sehr lang.

Zum Positionieren einfach geformter Fügeteile wurden verschiedene
Arten berührungsloser Näherungssensoren verwendet /42,43,44/.
Beim Annähern der Fügeteile an die Lochteile werden die Abtast-
öffnungen(Näherungssensoren) mehr oder weniger durch die Kante
des Lochteils verschlossen und beim Verfehlen entsteht eine
Signaldifferenz. Der Vorteil dieser Methode ist die einfache
Steuerbarkeit. Die Sensoranordnung ist jedoch sehr umständlich,
wenn die Fügeteilformen kompliziert sind.

In Fällen, bei denen entweder die Positioniergenauigkeit des
Handhabungsgerätes nicht ausreicht, oder bei denen Werkstück-
oder Einspanntoleranzen auszugleichen sind, können die Bildverarbeitungssysteme als Positionierhilfe dienen /45,46/.

Beim Bildverarbeitungssystem sind die Beleuchtungssysteme
sehr wichtig.Dabei sind im wesentlichen 3 Prinzipien Auflicht-
/47,48,49/, Durchlichtbeleuchtung /50,51/ und strukturierte
Beleuchtung /52,53,54/, entwickelt worden.

Auflichtbeleuchtungen sind störanfällig und Verschmutzungen,
Fremdlicht und Alterung der Beleuchtungseinrichtung gehen direkt
in die Arbeitsvorgänge ein. Durchlichtbeleuchtung ist die
wirkungsvollste Beleuchtungsart beim binären Bildverarbeitungssystem. 90 % der heute bekannten industriellen Problemlösungen
basieren daher auf Durchlichtbeleuchtung /51/. Strukturierte
Beleuchtung ist in begrenzten Umfang dazu geeignet, ein drei-
dimensionales Objekt in ein zweidimensionales binäres Muster
umzuwandeln.

Für einen Roboter, der komplizierte Montageaufgaben durchführen
soll, sind wesentliche Verbesserungen der Sensorsysteme erforderlich, damit der Automatisierungsgrad und die Flexibilität
eines Montagesystems erhöht werden kann.
Aufgrund dessen wurden viele Untersuchungen für die Verbes-
serung der Sensorsysteme durch die Kombinierung der verschiedene
Arten von Sensoren durchgeführt /55,56,57,58/.

Alle bisher ermittelten Fügemethoden sind aber für die Montage
starrer Teile entwickelt worden.
In den letzten Jahren wurden einige Untersuchungen zur automatischen Montage der biegeschlaffen Teile wie z.B. Schläuche,
Kabel usw. durchgeführt /59,60,61/. Bei allen bisherigen Untersuchungen wurden nur theoretische Fügekonzepte entwickelt, die
nicht praktisch erprobt wurden.

Die bisher entwickelten Fügemethoden sind außerdem durch die
Arten der Montageteile stark eingeschränkt. Beim Fügen zylindrischer, starrer Teile entstehen wenig Probleme. Bisher wurden
aber keine zuverlässigen Methoden, die zum Fügen biegeschlaffer
Teile mit unregelmäßiger Geometrie verwendbar sind, entwickelt.

3   Analyse des Istzustandes

3.1   Kabelbaumspektrum

Um den Istzustand des Kabelbaumspektrums zu untersuchen, wurden
Fragebögen an 205 Firmen verteilt. Die hauptsächlichsten Produkte
der Firmen waren Haushaltsgeräte, Automobile, Motorboote, Flug-
zeuge, Fernsprechanlagen usw..
Bild 2 zeigt den Jahresbedarf der Produkte, die Kabelbäume enthalten, die Vorgabezeiten des Kabelbaums und das Montagevolumen.

Die größte Stückzahl mit 3.2 Millionen wird bei der Herstellung
von PKW-Kabelbäumen erreicht. Die Kabelbäume bestehen aus vielen
Einzelteilen (z.B. 5,000 Drähten in einer Fernsprecheinrichtung).
Außerdem sind die Bestandteile der Kabelbäume in Form und Abmes-
sung sehr unterschiedlich. Wegen der Vielfältigkeit von Bestand-
teilen und der Komplexität der Montagevorgänge sind die Vorgabezeiten sehr lang.

Durch die Multiplikation des Jahresbedarfs mit der Vorgabezeit
wird das Montagevolumen pro Jahr berechnet. Trotz des geringen
Jahresbedarfs ist das Montagevolumen wegen der langen Vorgabezeit
bei den meisten Kabelbäumen relativ groß. Davon ist das Montagevolumen der PKW-Kabelbäume mit 830 Millionen Mannmin am größten.

3.2   Kabelbaumkomponenten

Es ist heute nicht wirtschaftlich, ein flexibel automatisiertes
Montagesystem, bei dem alle Sorten der Kabelbäume montiert
werden können, zu konzipieren. Wegen der großen Rationalisie-
rungsmöglichkeit und der Komplexität der Montagevorgänge wird
der PKW-Kabelbaum bei dieser Arbeit als Modellkabelbaum ausgewählt.

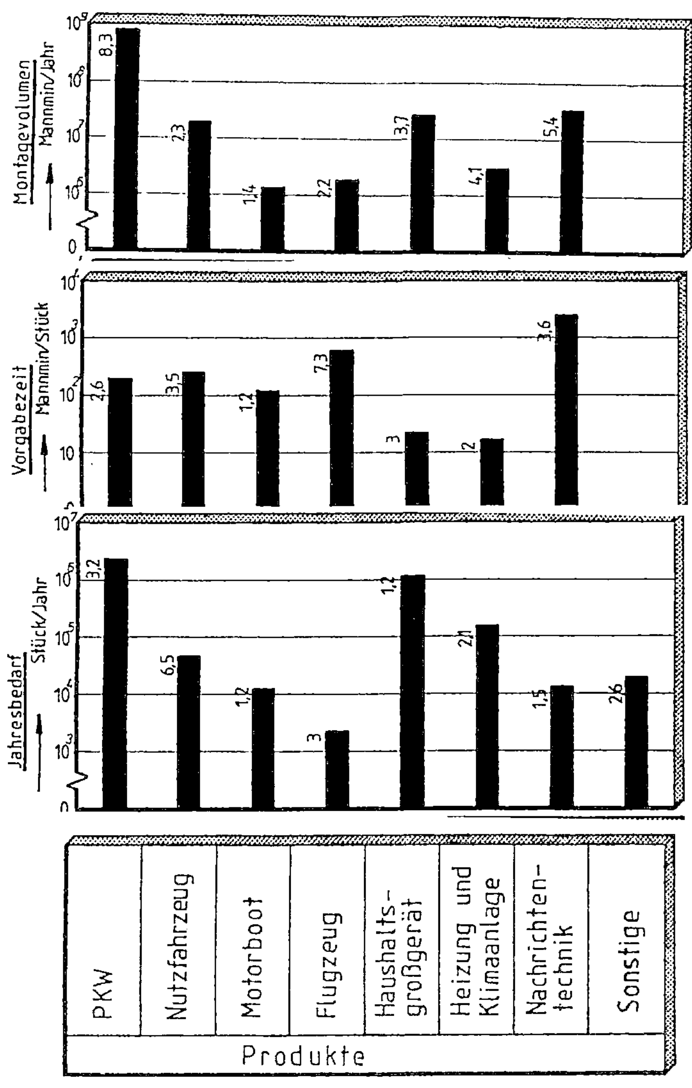

Bild 2. Kabelbaumspektrum

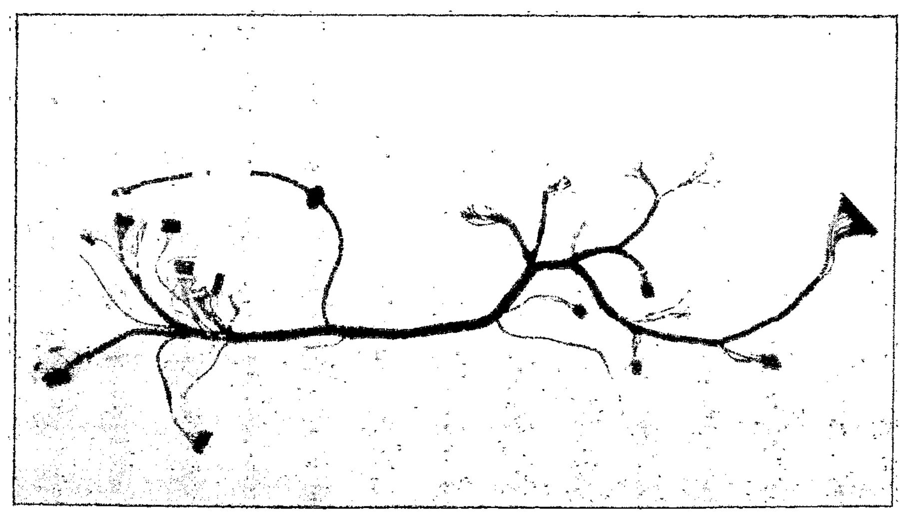

Bild 3. Modellkabelbaum (PKW - Kabelbaum)

Nr.	Kontakt	angenäherte Schnittform	Abmessung [mm]		Kabeldurchmesser [mm]
			kleiner Schnitt	großer Schnitt	
1		▭	4,7 × 2,2	6,8 × 3,3	1,5 2,0 2,3
2		▭	3,7 × 2,2	3,7 × 2,2	1,5
3		▭	4,8 × 2,7	6,5 × 3,4	3,0
4		▭	3,8 × 0,9	7,3 × 0,9	1,5
5		○	⌀3,5	⌀4	2,0
6		○	⌀1,5	⌀3	1,5
7		○	⌀2,7	⌀2,7	1,5
8		○	⌀4,2	⌀5	2,0
9		▭	7,5 × 3,1	7,5 × 3,1	2,0 2,3
10		▭	2,4 × 2,1	7,4 × 4,1	1,5 2,0 3,0
11		▭	2,8 × 2	4 × 3	1,5 2,0

Bild 4. Spezifikation der Kontakte

- 24 -

Bild 3 zeigt einen PKW-Kabelbaum, der bei dieser Arbeit verwendet
wird. In Bild 4 bis 6 sind die Spezifikationen der Einzelteile
des PKW-Kabelbaums dargestellt.
In Bezug auf die Fügetechnologie sind die Formen und die Toleranzen der Montageteile die wichtigsten Daten.
Die Querschnitte der Kontakte variieren in Abhängigkeit von der
Längsrichtung. So existiert ein Maximal- als auch ein Minimalspiel zwischen Kontakt und Stecker. Das Maximalspiel wird bestimmt durch die Geometrie des Steckerloches und des Anfangsquer-
schnitts des Kontakts. Die Differenz zwischen Lochquerschnitt
und Maximalquerschnitt des Kontakts stellt das Minimalspiel dar.
Wenn eine Kontaktform nicht achsensymmetrisch ist, sind die Spiele zwischen Längsrichtung und Querrichtung unterschiedlich.

Nr.	Stecker	Lochform	Fase	Lochdimension [mm]
a			1 × 45°	7 × 3,5
b			1 × 45°	4 × 3
c			—	⌀4,4
d			—	⌀4,4
e			—	⌀5,2, ⌀6,8
f			—	⌀5,2 ⌀6,8
g			—	7,6 × 6
h			—	⌀8(6,4×1,1)
i			—	7,2 × 5
j			—	8,2 × 5
k			—	8 × 5,4
l			—	7,7 × 5,9
m			—	7,6 × 6,5
n			—	⌀5,2
o			—	5×4, 7×5
p			—	4,1 × 4,7

Bild 5. Spezifikation der Stecker

Vom fügetechnischen Gesichtspunkt aus sind die Maximalspiele, die
bei der Anfangsphase des Fügevorgangs gebildet werden, relativ
groß. Sie sind aber nicht nützlich, weil wegen der Nachgiebigkeit des Fügeteils große Abweichungen entstehen.

Gegenüber den Maximalspielen sind die Minimalspiele relativ
klein. Die meisten Kontakte haben sehr scharfe Kanten an
ihrer Stirnseite und unregelmäßige Formen. Die geometrischen
Eigenschaften der Kontakte und die Nachgiebigkeit des Kabels
wirken sich als große Fügehemmnisse aus.

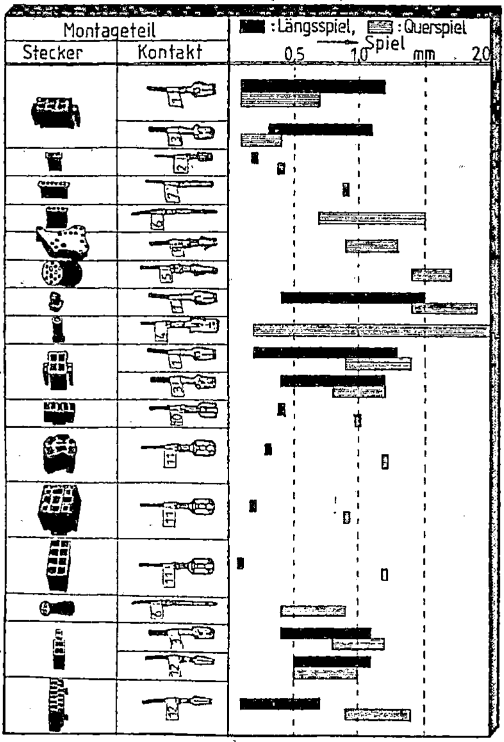

Bild 6. Toleranzbetrachtung an den Fügepartnern

3.3   Montagevorgänge

Bei der Kabelbaummontage sind die materiellen Eingangsgrößen der
Montagesysteme elektrische Bauteile wie Kabel, Stecker, Schrauben, Kabelbinder usw.. Nach den Kriterien Kabeltyp, -querschnitt
und -länge werden die Kabel zugeschnitten, die Kontakte ange-
schlagen und gekennzeichnet. Nach dem Kennzeichnen werden die
Kabel steckerorientiert sortiert. Die so vorbereiteten Kabel
werden auf einem Kabelformbrett nach Verlegeplan verlegt und die
an den Kabelenden angeschlagenen Kontakte werden in die Löcher
der Stecker gefügt. An das Fügen schließt sich das Verlegen und
das Abbinden der Kabel an.

Produkt	Aufteilung der Vorgabezeit 10 20 30 40 50 60 70 80 % 100
PKW	
Nutzfahrzeug	
Flugzeug	
Haushaltsgroßgerät	
Nachrichtentechnik	

□ Vorbereitung ▣ Schrauben
▨ Konfektionieren ▥ Abbinden
▣ Verlegen ⊞ Prüfen
▤ Fügen ◩ Sonstige
◹ Löten

Bild 7. Montagevorgänge und Aufteilung der Vorgabezeit

In Bild 7 sind die Montagevorgänge und die Vorgabezeiten der im
Abschnitt 3.1 beschriebenen Kabelbäume dargestellt. Bei sonsti-
gen Vorgängen ist der Bandagiervorgang, der Ummantelvorgang usw.
enthalten. Zur Kabelbaummontage stehen daher verschiedene
Maschinen und Werkzeuge wie Kabelkonfektionierautomat, Lötpis-

tole, Schrauber, Abbindepistole usw. zur Verfügung. Bei der Montageautomatisierung mit Industrieroboter können sie in das Montagesystem integriert werden. Zum Verlegen und Fügen sollen Werkzeuge je nach Art der zu montierenden Kabelbäume entwickelt
werden. Für das Verlegen von Kabeln wurden bisher verschiedene
Verlegewerkzeuge entwickelt,jedoch fehlt das Fügewerkzeug.

Bei der Montageautomatisierung mit Industrierobotern sind bisher
umfangreiche Untersuchungen über die Fügetechnik durchgeführt
worden. Die Fügemethoden können wie in Bild 8 dargestellt
werden.

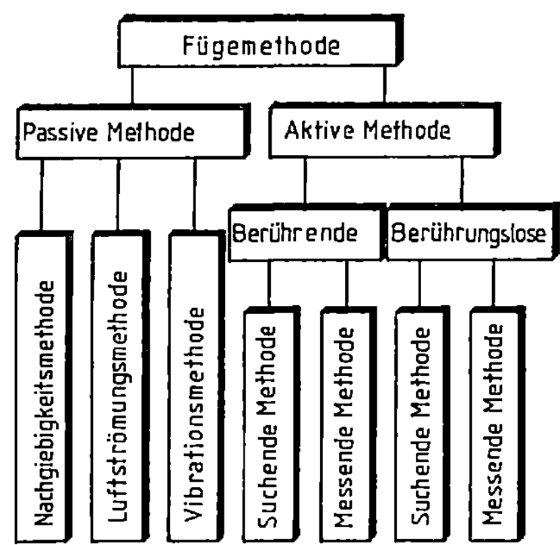

Bild 8. Klassifikation der Fügemethoden

Bei der passiven Methode werden die Lageabweichungen nicht durch
die Ausgleichsbewegung des Roboters, sondern durch andere Maß-
nahmen ausgeglichen.
Bei der Nachgiebigkeitsmethode werden die Lageabweichungen durch
die Reaktionskräfte, die beim Berühren des Fügeteils an der
schrägen Oberfläche des Lochteils entstehen, ausgeglichen.
Bei der Luftströmungsmethode und Vibrationsmethode sind die
Ausgleichskräfte jeweils die Strömungskräfte der Luft oder die
Schwingungserregerkräfte.

Bei der aktiven Methode werden die Lageabweichungen durch die
Ausgleichsbewegung des Roboters aufgrund von Sensorsignalen ausgeglichen. Die Lageabweichungen werden hierbei beim berührenden
oder nicht berührenden Zustand des Montagepaars durch Sensoren
erfaßt. Nach der Art der Meßergebnisse der Sensoren wird die ak-
tive Methode jeweils in zwei, - suchende und messende Methode -,
weiter aufgeteilt.
Bei der suchenden Methode liefert der Sensor dem Roboter nur die
Informationen über die Ausgleichsrichtung, während der Sensor bei
der messenden Methode ihm die Informationen sowohl der Ausgleichsrichtung als auch der Abweichungsgröße liefert.

Die Anwendungsbereiche der Fügemethoden sind durch die Art der
Montageteile stark eingeschränkt.
Bisher ist keine Lösung zum Fügen von unregelmäßig geformten,
biegeschlaffen Teile vorhanden.

3.4   Probleme bei der Montageautomatisierung

Wie vorher erwähnt, ist die Automatisierung des Fügevorgangs Vor-
aussetzung für eine vollständige Realisierung der automatischen
Kabelbaummontage.
Wegen der Vielfältigkeit der Fügeteilformen des PKW-Kabelbaums
enthält der Fügevorgang des PKW-Kabelbaums die meisten in der
Kabelbaummontage entstehenden Fügeprobleme. Die Lösung für den
PKW-Kabelbaum kann deshalb zur Montage verschiedener Kabelbäume
verwendet werden.

Beim Fügevorgang werden die Probleme hauptsächlich durch die
Nachgiebigkeit des Kabels und die Unregelmäßigkeit und Vielfältigkeit der Fügeteilformen verursacht. In Bild 9 sind die
auftretenden Probleme und die Ursachen der Probleme dargestellt.

Eigenschaft d. Montageteils	auftretende Probleme
Nachgiebigkeit der Kabel	-große Abweichung -große Verdrehung -Knicken bei kleiner Fügekraft
Unregelmäßigkeit der Kontaktformen	-schwierige Sensorprogrammierung -hohe Empfindlichkeit gegen Verdrehung -große Ungenauigkeit beim Greifen
Scharfkantigkeit der Kontakte	-umständliche Ausgleichsbewegung wegen hoher Reibung -komplizierte Sensorprogrammierung
Vielfältigkeit der Montageteilformen	-hohe Anpaßflexibilität des Sensors und Greifers
Gedrängtheit der Löcher eines Steckers	-verfehltes Einfügen in benachbarte Löcher -starker Einfluß der bereits gefügten Kabel -schwierige Sensorprogrammierung wegen scharfkantiger Lochwände
kleine Toleranz	-Festklemmen im Loch -hohe Empfindlichkeit gegen Verdrehung
kleine, unregelmäßige Anfasung	-passiver Ausgleich unmöglich -komplizierte Sensorprogrammierung

Bild 9. Probleme beim Fügen von Kontakten

3.5 Ableitung der Anforderungen an das Fügesystem

3.5.1 Grundanforderungen

Die Grundanforderungen des gesamten Fügesystems sind in Bild 10 zusammengestellt.

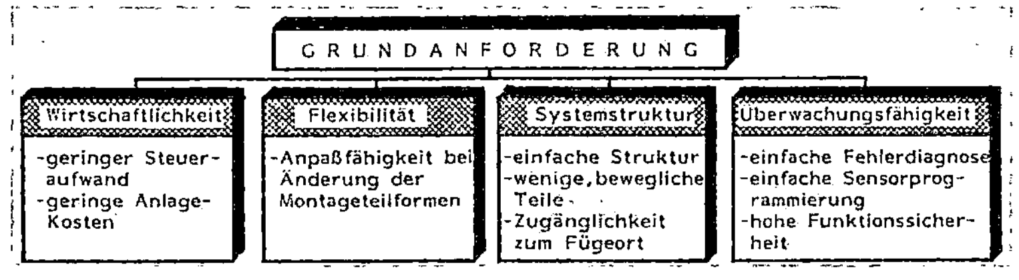

Bild 10. Grundanforderungen an das Fügesystem

3.5.2   Fügetechnische Anforderungen

Aus den in der Analyse des Istzustandes gewonnenen Erkenntnisse
werden die fügetechnischen Anforderungen an das neu zu konzipie-
rende Fügesystem abgeleitet.

-Taktzeit
Die durchschnittliche Anzahl der Kabel eines PKW-Kabelbaums beträgt ca. 400 . Aus dieser Angabe, der Vorgabezeit des PKW-
Kabelbaums (ca. 260 Mannmin.) und dem Fügevorgangsanteil der
Vorgabezeit(ca. 25 %) wird die Taktzeit von ca. 5 s   zum manu-
ellen Fügen eines Kontakts berechnet. Beim automatisierten Fügesystem soll die Taktzeit pro Kontakt die manuelle Taktzeit nicht
überschreiten.

- Überlastsicherung
Das dünnste Kabel mit einem Durchmesser von 1,5 mm und einer
freien Kabellänge von 10 mm wird bei einer axialen Fügekraft von
ca. 7 N geknickt. Der Fügevorgang soll deswegen bei einer Fügekraft von weniger als 5N durchgeführt werden.

- Genauigkeit
Die Spiele zwischen Kontakten und Löchern sind zwischen +0,1 mm
und +2 mm. Deswegen soll die Positioniergenauigkeit des Fügesystems innerhalb dieser Fügetoleranzen eingestellt werden.

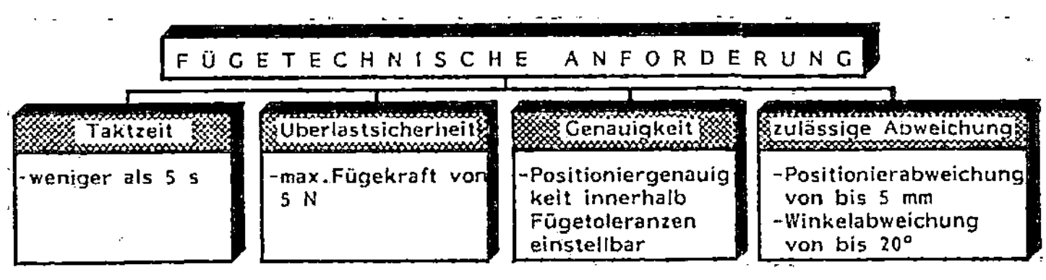

Bild 11. Fügetechnische Anforderungen an das Fügesystem

- zulässige Abweichung
Wegen der Nachgiebigkeit des Kabels sind große Ausweichungen und
Verdrehungen der Kontakte vorauszusehen.
Die Ausgleichfähigkeit von 5mm-Abweichung und 20Grad-Verdrehung
wird von diesem Fügesystem erwartet.

In Bild 11 sind die fügetechnischen Anforderungen dargestellt.

4 Konzeption des Fügesystems

4.1 Lösungsprinzipien

4.1.1 Lösungsalternativen

Aus den in der Analyse der Fügetechnik gewonnenen Erkenntnissen
werden die Lösungsprinzipien zum Fügen der Kontakte in die Löcher
der Stecker abgeleitet. In Bild 12 sind mögliche Lösungsprinzipien und ihre Fügeeigenschaften dargestellt.

Bei der Nachgiebigkeitsmethode ist die Fügezeit sehr kurz. Die
Kanten des Fügeteils müssen aber innerhalb der Fasen des Lochteils liegen. Ohne Fase ist diese Methode nicht verwendbar.
Die Luftströmungsmethode ist nur beim Fügen von Teilen mit
kleinen Abmessungen und Gewicht verwendbar. Außerdem wird
eine hohe Nachgiebigkeit des Fügeteils benötigt, damit das
Fügeteil durch die kleinen Strömungskräfte leicht verschoben
wird. Bei der Vibrationsmethode sollen die Montageteile nur in
der XY-Ebene angeregt werden, weil das biegeschlaffe Fügeteil
sonst durch die Z-Richtungsvibrationen geknickt wird.

Bei der berührenden Suchmethode greift der Greifer des Roboters
die Kabel oder die Kontakte, die in Form und Größe wenig ver-
schieden sind.
Bei der berührenden Meßmethode wird ein taktiler Matrixsensor
für die Lageerkennung der Montageteile verwendet. Bei dieser
Methode ist die Auflösung des Matrixsensors wegen der mecha-
nischen und produktionstechnischen Beschränkungen sehr niedrig.
Außerdem ist die Ein- und Rückstellzeit der Sensorsignale lang.

Bei der berührungslosen Suchmethode werden die berührungslosen
Näherungssensoren, wie z.B. pneumatische Düsensensoren, optische
Sensoren usw. verwendet. Hierbei sind die Sensoren in den
Greiferbacken so angeordnet, daß sie am Kontakt anliegen und et-

Lösungsprinzipien		Merkmale
Fügemethode	Prinzip	
Nachgiebigkeits-methode	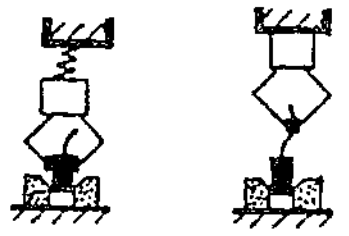	-einfachste Struktur -geringster Aufwand -Fase benötigt -kleine zulässige Abweichung
Luftströmungs-methode	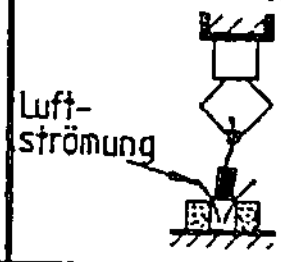 Luft-strömung	-Fügeteil muß Vollmaterial sein -hohe Nachgiebigkeit benötigt
Vibrations-methode	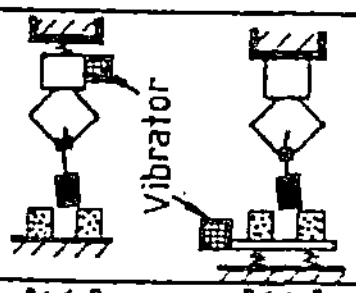 Vibrator	-große Bauform -umständlicher Aufbau -relativ große zul. Abweichung
Berührende Suchmethode	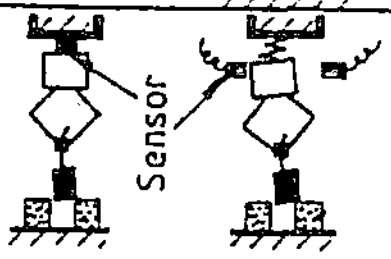 Sensor	-hohe Empfindlichkeit des Sensors benötigt -relativ umständliche Sensor-programmierung
Berührende Meßmethode	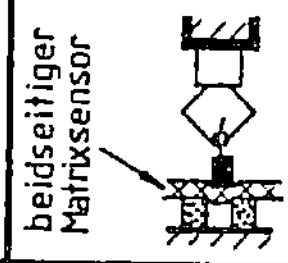 beidseitiger Matrixsensor	-niedrige Auflösung des Sensors -umständliche Sensorprogram-mierung -große zulässige Abweichung
Berührungslose Suchmethode	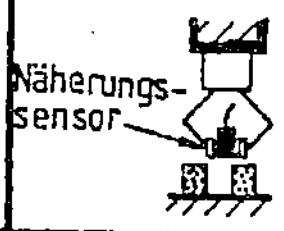 Näherungs-sensor	-problematischer Sensoreinbau -zweistufiger Fügevorgang
Berührungslose Meßmethode	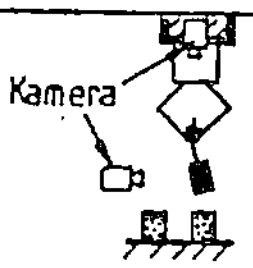 Kamera	-große zulässige Abweichung -relativ aufwendige Sensor-programmierung -großer Aufwand

Bild 12. Lösungsalternativen der Fügemethoden

was über den Kontakt vorstehen. Bei dieser Methode müssen die
Backenformen und die Sensoranordnung je nach den Formen der Fü-
geteile geändert werden.
Bei der berührungslosen Meßmethode werden zwei Kameras am
Roboterarm angebracht. Bei dieser Methode werden sehr große
Lageabweichungen, die durch die Ausbiegung und Verdrehung der
Kabel entstehen, ausgeglichen. Der Einsatz des Bildverarbei-
tungssystems ist aber mit hohem Aufwand verbunden.

4.1.2   Vorauswahl geeigneter Fügemethoden

Zur Bewertung der Fügemethoden wurden die Bewertungskriterien in
Bild 13 erstellt. Wegen der Nachgiebigkeit des Kabels sind große
Lageabweichungen beim Fügen der Kontakte zu erwarten. Außerdem
wirkt sich die Unregelmäßigkeit der Fügeteilformen als ein großes
Automatisierungshemmnis aus. Aus diesem Grund müssen hohe Form-
unabhängigkeit und große zulässige Abweichungen der Fügemethoden
garantiert werden.

Kriterien	Einflußfaktoren
Kosten	-Herstellkosten -Programmerstellung
Fügezeit	-Signalverarbeitungszeit -Suchzeit -Fügegeschwindigkeit
Flexibilität	-Einsetzbarkeit -Anpaßbarkeit(in Bezug auf Umrüstaufwand)
Formunabhängigkeit	-Anwesenheit der Fase -Unabhängigkeit von Kontaktformen
zulässige Abweichung	-Größe u.Art der ausgleichbaren Abweichung
Kompaktheit	-Anzahl der zu bewegenden Teile -Stabilität der gesamten Fügeeinrichtung -Zugänglichkeit beim Fügevorgang

Bild 13. Bewertungskriterien

- 35 -

	● gut ◑ mittel ○ schlecht	Nachgiebigkeits-methode	Vibrations-methode	Luftströmungs-methode	berührende Suchmethode	berührende Meßmethode	berührungslose Suchmethode	berührungslose Meßmethode
Kosten		●	●	●	◑	○	◑	○
Fügezeit		●	●	●	◑	○	◑	◑
Flexibilität		○	●	○	◑	●	○	●
Formunabhängigkeit		○	●	○	◑	◑	○	●
zulässige Abweichung		○	◑	◑	◑	●	◑	●
Kompaktheit		○	●	○	●	○	○	◑
Bewertung		○	●	○	◑	○	○	◑

Bild 14. Bewertung der Fügemethoden

In Bild 14 werden sieben Lösungsalternativen bewertet. Dabei
wird die Vibrationsmethode zum Fügen der Kontakte als am besten
geeignet beurteilt. Wegen ihrer niedrigen, zulässigen Abweichungen werden die beiden ebenfalls gut geeigneten Alternativen,
berührende Suchmethode und berührungslose Meßmethode, bei dieser
Arbeit mitberücksichtigt.

4.2   Vibrationsmethode

Für die Vibrationsmethode werden die folgenden drei Lösungsalternativen untersucht:
    - vibrierende Montageplatte
    - kreisförmig vibrierendes Fügewerkzeug
    - ungleichmäßig vibrierendes Fügewerkzeug

4.2.1   Vibrierende Montageplatte

Beim Vibrationssystem mit vibrierender Montageplatte werden die
Lochteile (Stecker) auf der vibrierenden Montageplatte befe-
stigt.Sie vibrieren daher mit der Montageplatte. Während der
Vibration des Lochteils in einer XY-Ebene wird das Fügeteil durch
die Z-Richtungsbewegung des Roboters in das Lochteil gefügt.

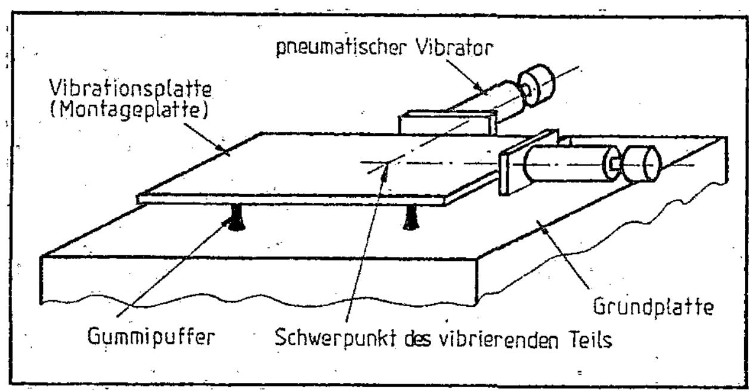

Bild 15. Vibrierende Montageplatte

In Bild 15 ist ein Vibrationssystem mit einer vibrierenden Platte
dargestellt.
Das Vibrationssystem besteht aus einer Vibrationsplatte (Montageplatte), zwei pneumatischen Kolbenvibratoren und pneumatischer
Steuereinheit.

Die Vibrationsplatte ist auf einer Grundfläche mit vier Gummistäben so gelagert, daß die Mitte der vier Gummistäbe mit dem
Schwerpunkt des vibrierenden Teils (Vibrationsplatte + Vibratoren) übereinstimmt. Die Vibratoren sind am Rand der Vibrationsplatte so befestigt, daß ihre Erregerkräfte im Schwerpunkt des
vibrierenden Teils angreifen können.
Die Frequenz und die Amplitude der Vibration wird dabei durch
den Druckregler und die Drossel der pneumatischen Steuereinheit
stufenlos geregelt.

4.2.2   Kreisförmig vibrierendes Fügewerkzeug

Beim diesen Vibrationssystem vibriert kreisförmig der Greifer,
der am Roboterarm angebracht ist und das Fügeteil greift.
Bild 16 zeigt ein kreisförmig vibrierendes Fügewerkzeug.

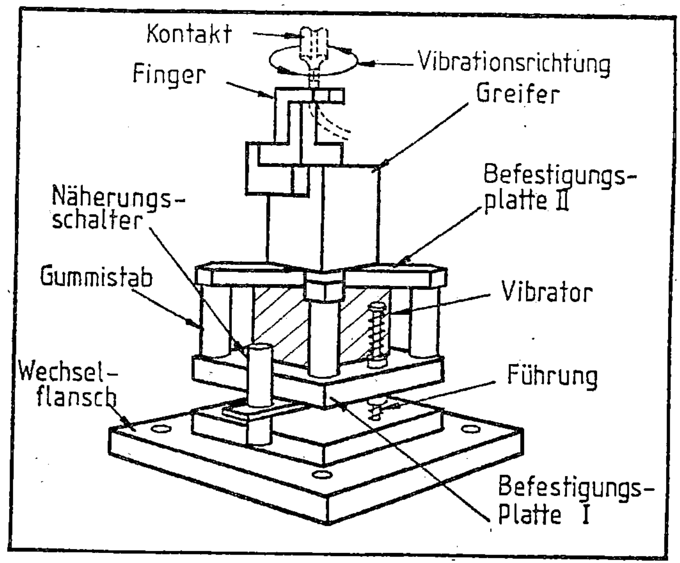

Bild 16. Kreisförmig vibrierendes Fügewerkzeug

Das Fügewerkzeug besteht aus einem Wechselflansch, zwei Befesti-
gungsplatten, vier Gummistäben, einem Vibrator und einem Parallelgreifer. Zwischen dem Wechselflansch und der Befestigungsplatte I ist eine Druckfeder und ein berührungsloser, induktiver
Näherungsschalter eingebaut, damit der Fügevorgang kontrolliert
und die maximale Fügekraft vorgegeben werden kann.

Der Vibrator ist ein pneumatischer Unwuchtvibrator, der kreisförmig vibriert. Die Frequenz des Vibrators kann durch einen Druckregler stufenlos geregelt werden. Der Vibrator und der Greifer
sind jeweils über und unter der Befestigungsplatte II festge-
schraubt. Die Befestigungsplatte II wird durch die vier Gummistäbe unter der Befestigungsplatte I beweglich aufgehängt.

4.2.3   Ungleichmäßig vibrierendes Fügewerkzeug

Bild 17 zeigt ein ungleichmäßig vibrierendes Fügewerkzeug.

Das Werkzeug besteht aus einem Greifer, einer Vibrationseinrichtung und einem Wechselflansch. Die Vibrationseinrichtung besteht
aus einem XY-Tisch, vier pneumatischen Kurzhubzylindern und zwei
pneumatischen Taktgebern. Jeder Taktgeber ist mit zwei Kurzhub-

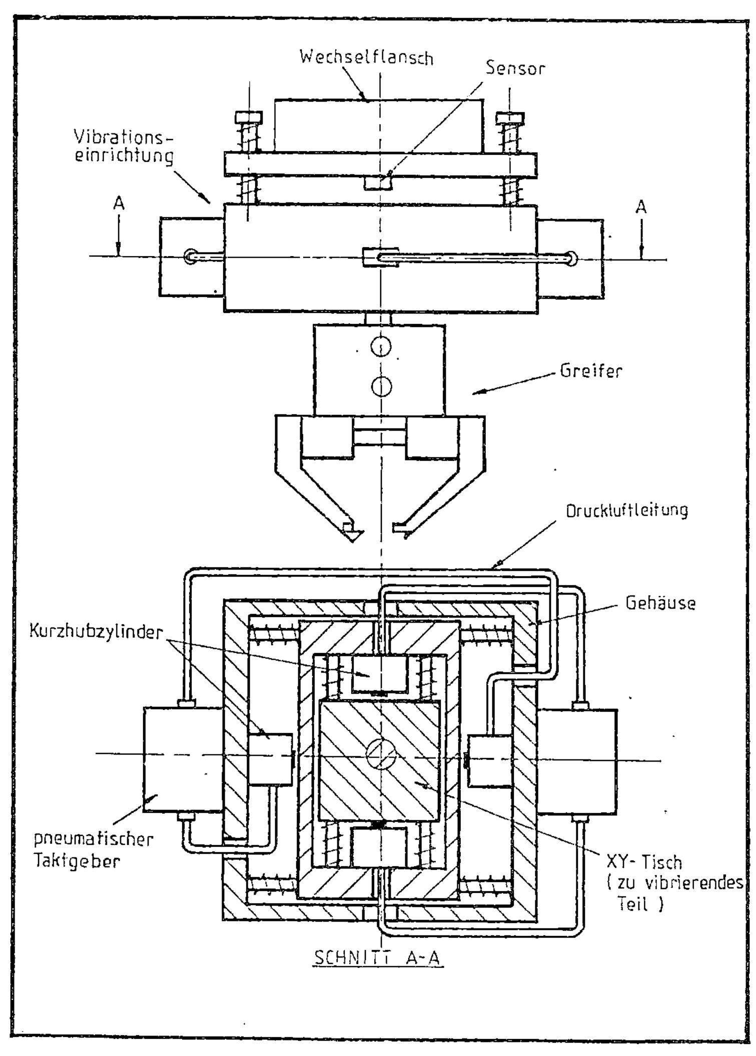

Bild 17. Ungleichmäßig vibrierendes Fügewerkzeug

zylindern verbunden und betätigt die zwei Zylinder nacheinander.
Die Taktzeit des Taktgebers ist einstellbar. Der Greifer ist in
der Mitte des zu vibrierenden XY-Tisches befestigt. Wenn kein
Zylinder betätigt ist, bleibt der XY-Tisch durch die Druckfedern
in der Mitte der Vibrationseinrichtung stehen.
Zum Kontrollieren des Fügevorgangs werden die Federn und ein berührungsloser Sensor zwischen Wechselflansch und Vibrationseinrichtung eingebaut.

4.2.4   Bewertung der Vibrationsmethoden

Wie in Bild 18 dargestellt,besitzt das Vibrationssystem mit
Kreisförmig vibrierendem Fügewerkzeug große Vorteile. Die entscheidenden Vorteile sind die einfache Struktur und die hohe
Frequenz. Bei hoher Frequenz werden Fügeteile mit hoher Fügegeschwindigkeit gefügt. Je nach dem Montageverfahren des Kabelbaums
liefert die Einfachheit des Handhabungswerkzeugs einen großen
Vorteil bei der praktischen Kabelbaummontage. Bei dieser Arbeit
werden deshalb zwei Vibrationssysteme vibrierende Montageplatte
und kreisförmig vibrierendes Fügewerkzeug mitberücksichtigt.

Vibrations-system Kriterien	vibrierende Montageplatte	kreisförmig vibrierendes Fügewerkzeug	ungleichmäßig vibrierendes Fügewerkzeug
Herstellkosten	mittel	gering	aufwendig
Frequenz	ca. 20 Hz	ca. 70 Hz	ca. 20 Hz
Vibrationsform	variierbar	kreisförmig	variierbar
Kompaktheit	schlecht	gut	mittel
Fügewerkzeug	einfach	kompliziert	kompliziert
Vibrationseinfluß auf Roboter	kein	wenig	stark
Bewertung	mittel	gut	schlecht

Bild 18. Bewertung der Vibrationsmethoden

4.3 Fügesystem mit taktilem Sensor

Das Fügeteil kann mit dem Greifer einstufig oder zweistufig gefügt werden. Beim einstufigen Fügen wird das Fügeteil am Kabel
gegriffen, so daß der gesamte Kontaktkörper in einem Schritt in
den Stecker gefügt werden kann. Beim zweistufigen Fügen wird das
Fügeteil direkt am Kontaktkörper gegriffen. Deshalb kann zuerst
nur ein Teil des Kontaktkörpers gefügt werden, da die Greifer-
finger am Steckergehäuse anschlagen. Dadurch wird ein Umgreifen
vom Kontaktkörper zum Kabel notwendig. Beim Umgreifen bleibt aber
das Fügeteil nicht in seiner ursprünglichen Lage, weil es durch
die Zugkraft des auf der Montageplatte verlegten Kabels beansprucht wird. Dadurch können schwerwiegende Greiffehler beim Umgreifen entstehen.

In dieser Arbeit werden nur einstufige Fügewerkzeuge untersucht.
Die einstufigen Fügewerkzeuge müssen mit hochempfindlichen tak-
tilen Sensoren ausgerüstet werden, damit die beim Berühren der
Fügepartner entstehende Belastung nicht zu einem Ausknicken des
Kabels führt. Als taktiler Sensor können folgende zwei Arten
verwendet werden:
- Lageaufnehmer
- Kraftaufnehmer

4.3.1 Fügewerkzeug mit Lageaufnehmer

In Bild 19 ist ein Fügewerkzeug mit Lageaufnehmer dargestellt.
Das Werkzeug besteht aus einem Wechselflanschteil, einem pneumatischen Kurzhubzylinder, einem Gehäuse, einem Greiferteil und
fünf Näherungsschaltern.

Für die hochflexible Kippbewegung des Greiferteils ist der Greifer durch ein Kugelgelenk an der unteren Gehäusefläche so gelagert, daß der Schwerpunkt des kippenden Teils über der Mitte des
Kugelgelenks liegt. Die Flexibilität der Kippbewegung wird dabei
durch die Druckfeder II eingestellt.

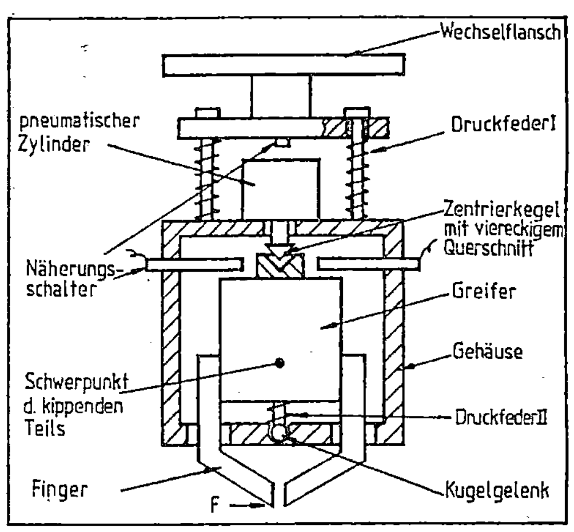

Bild 19. Fügewerkzeug mit Lageaufnehmer

Beim Positionieren des Fügeteils wird der Greifer durch einen
pneumatisch betätigenden Zentrierkegel mit viereckigem Quer-
schnitt zentriert. Die Kipprichtung des Greiferteils wird durch
vier Näherungsschalter (Lageaufnehmer) erkannt. Zum Kontrollieren der Fügekraft sind ein Näherungsschalter und zwei Druckfedern zwischen Wechselflanschteil und Gehäuse angebracht.

Bei diesem Fügemechanismus wird das Sensieren der Kipprichtung
durch sehr kleine Störungen wie Robotervibrationen und Zugkräfte
des auf der Montageplatte befestigten Kabels gestört.
In der Praxis muß mit schwerwiegenden Fügefehlern wegen relativ
großer Zugkräfte des Kabels gerechnet werden.

4.3.2   Fügewerkzeug mit Kraftaufnehmer

Als alternatives Fügewerkzeug wird ein mit einem Kraftaufnehmer
ausgerüsteter Parallelgreifer, der von der Fa. IBM entwickelt
und an ihrem Roboter RS-1 angebracht wurde, untersucht.
Bild 20 zeigt den Greifer und die Struktur der in seinen Fingern
eingebauten Kraftaufnehmern. Die Besonderheit dieses Sensorsystems ist seine hohe Empfindlichkeit mit einer Größenordung von
0,01 N. Am Ende jedes Greiferfingers ist ein Kraftaufnehmer mit
je drei Dehnungsmeßstreifen angebracht. Hierbei werden die DMS
durch Störungen wie Temperatur, Greifkraft, Zugkraft des Kabels
usw. beeinflußt. Die Störeinflüsse können aber durch die Erfas-
sung der relativen Meßwertänderung der DMS vom Ausgangszustand
bis zum belasteten Zustand beseitigt werden. Die Verarbeitung
des Sensorsignals wird in Abschnitt 6.2.1 ausführlich erläutert.

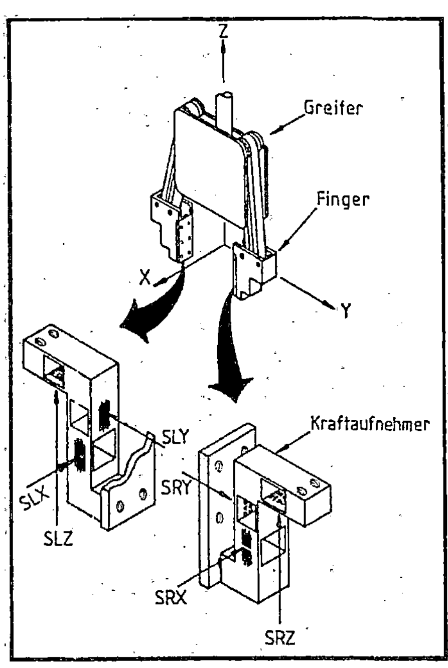

Bild 20.   Greifer mit Kraftaufnehmer (Fa. IBM)

4.3.3 Bewertung der Fügewerkzeuge

In Bild 21 werden die beiden Fügewerkzeuge verglichen. Wegen
günstiger Herstellkosten, der geringen Anfälligkeit gegen
Störungen und kleinerer Baugröße des Werkzeugs ist das Fügewerkzeug mit Kraftaufnehmer zum Fügen der Kontakte besser
geeignet. Der entscheidende Vorteil dieses Werkzeugs ist seine
Unempfindlichkeit gegen Störungen.

Kriterien	Fügewerkzeug mit	
	Kraftaufnehmer	Lageaufnehmer
Herstellkosten	günstig	relativ aufwendig
Auflösung d. Sensors	hoch	sehr hoch
Empfindlichkeit gegen Störung	hoch aber beseitigbar	sehr hoch, nicht beseitigbar
Sensorprogrammierung	umständlich	einfach
Struktur	einfach	relativ kompliziert

Bild 21. Bewertung der Fügewerkzeuge mit taktilen Sensoren

4.4 Fügesystem mit Bildsensor

4.4.1 Kameraaufbau

Zum Positionieren des Fügeteils auf der Öffnung des Lochteils
werden die folgenden zwei Bildsensoren benötigt:

- Senkrechtkamera zur Lageerkennung des Lochteils
- Waagrechtkamera zur Lageerkennung des Fügeteils

Die Senkrechtkamera wird entweder am Roboterarm oder im Raum über
dem Roboter so fixiert, daß die Kamera nach unten gerichtet ist.

In Bild 22 sind zwei Aufbaumöglichkeiten der Senkrechtkamera dargestellt und vergleichend gegenübergestellt. Im ersten Fall muß der Abstand der Kamera von der Montageplatte so groß sein, daß die gesamte Arbeitsebene im Sichtfeld der Kamera liegt. Bei diesem Aufbau muß eine hochauflösende Kamera verwendet werden, damit trotz des sehr großen Sichtfeldes der Kamera die Bilder mit einer ausreichenden Genauigkeit verarbeitet werden kann. Außerdem ist die Verarbeitung des informationsreichen Bildes sehr umständlich. Dies sind die entscheidenden Nachteile dieser Aufbauart. Diese Nachteile entfallen im zweiten Fall, es wird allerdings eine Koordinatentransformation vom Kamerakoordinatensystem zum Roboterkoordinatensystem notwendig.

Zur Lageerkennung des Fügeteils, das durch den Greifer gegriffen wird, kann die Waagrechtkamera wie in Bild 23 aufgebaut werden. Zur rechtwinkligen Ablenkung des Kamerablicks wird ein Spiegel

Aufbauart	Nachteil
	-Kamerasichtfeld wird durch Roboter behindert -Wegen des großen Abstandes wird eine höhere Kameraauflösung benötigt -Verarbeitung des informationsreichen Bildes ist umständlich
	-Baugröße der Kamera soll klein sein -Koordinatentransformation ist nötig

Bild 22   Aufbaumöglichkeiten der Senkrechtkamera

beim Senkrechtaufbau am Roboterarm benötigt. Im Vergleich zu anderen ist der Senkrechtaufbau am Roboterarm sehr von Vorteil. Zur Zeit sind die zwei prinzipiellen Bildsensoren, Röhren- und Halbleiterkamera, für industrielle Einsatzbereiche verfügbar/62/. Zur Anbringung der Kamera am Roboterarm ist die Halbleiterkamera wegen ihrer kleinen Baugröße besser geeignet.

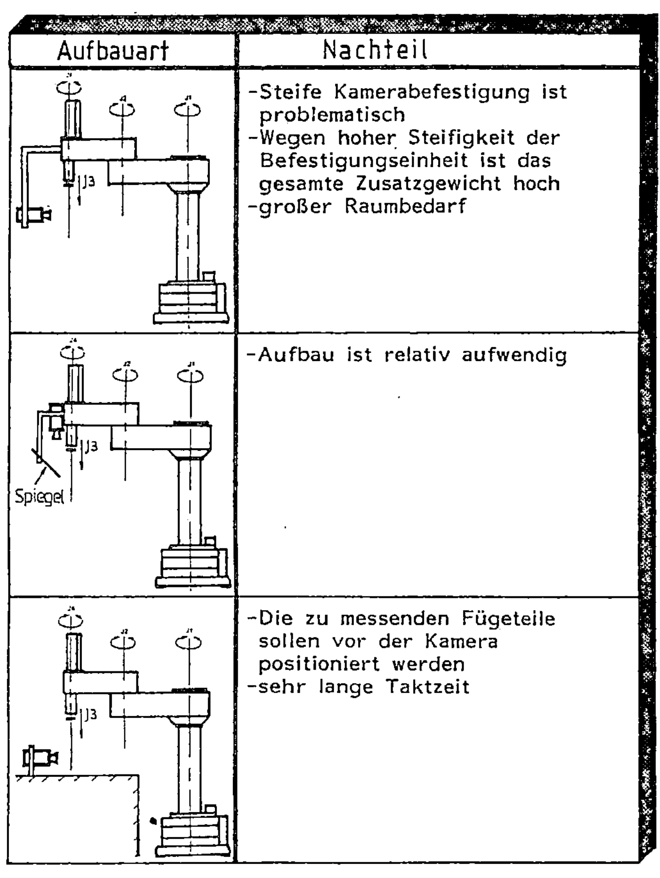

Bild 23. Aufbaumöglichkeiten der Waagerechtkamera

4.4.2 Beleuchtung

Um den Aufwand gering zu halten, wird ein Binärbildverarbeitungs-
system für diese Fügeaufgabe verwendet. Bei der Binärbildverar-
beitung muß ein guter Kontrast zwischen Objekt und Hintergrund
gewährleistet sein.
Bei der Bildaufnahme von Fügepartnern entstehen die folgenden
Probleme bezüglich des guten Kontrasts:
- Vielfältigkeit der Farben der Stecker
- Reflexionsfähigkeit der Oberflächen der Stecker und der
  Kontakte
- schmale, tiefe Löcher
- Unregelmäßigkeit der Konturen
Wegen dieser Probleme gestattet nur die Durchlichtbeleuchtung das
Erkennen der Konturen und Lagen der Montageteile.
In Bild 24 ist die Beleuchtungseinrichtung für die Waagrecht-

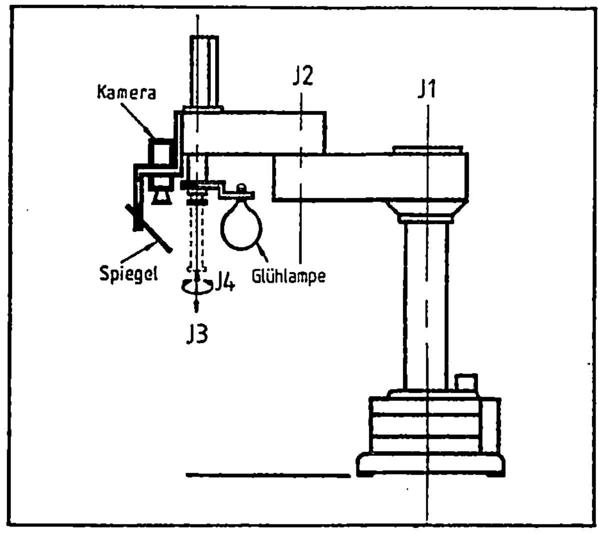

kamera dargestellt. Dabei wird eine Glühlampe als Beleuchtung
verwendet. Die Helligkeit der Glühlampe kann dabei über eine
elektronische Schaltung beliebig geregelt werden. Die Lampe wird
am Roboterarm so befestigt, daß die Mitte der Lampe und die Mitte
des Spiegels in einer horizontalen Ebene liegen und daß beide
Teile fast die gleiche Entfernung von der Z-Achse des Roboters
besitzen.

Zur Konturenerkennung der Stecker ist eine Beleuchtungseinrich-
tung in Bild 25 konzipiert. Sie besteht aus einer lichtleitenden
Acrylplatte und einer Leuchtstofflampe als Lichtquelle. Die
Leuchtstofflampe ist an einer Kante der Platte angebracht. Die
Lichtstrahlen aus der Lichtquelle treten durch die Kantenfläche
in die Platte ein.
Zur Verhinderung des Lichtverlustes sind drei Kanten(aus-
schließlich der Kante der Lichtquellenseite) der lichtleitenden
Platte mit Alufolien verklebt. An bestimmten Stellen der Platte
werden die Stecker befestigt und gerade unter diesen Stellen

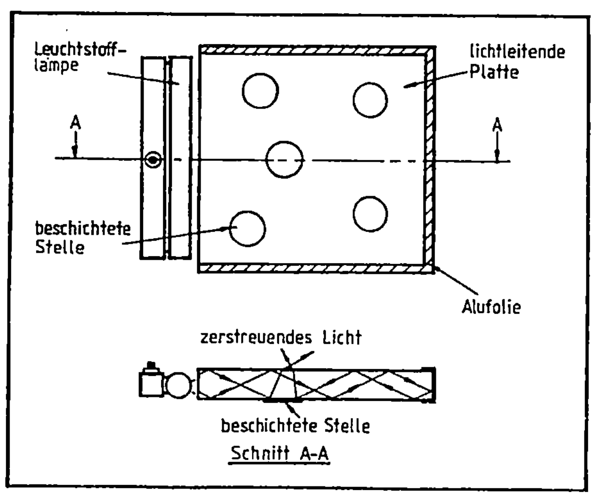

(an der unteren Fläche der Platte) wurden die Flächen mit einer
stark adhäsierenden Flüssigkeit beschichtet. An diesen beschich-
teten Stellen findet die innere Totalreflexion nicht mehr statt.
Die an diesem Ort eingetretenen Lichtstrahlen werden gestreut und
strahlen durch die Deckfläche der Platte nach oben.

Bei dieser Konzeption kann die Beleuchtungsplatte (Montageplatte)
sehr groß sein und an der normalen, stabilen Grundplatte einer
Montagestation angelegt und befestigt werden.

5.1   Analyse des Fügevorgangs

Bei Fügesystemen mit Vibrationsunterstützung wird der Fügevorgang
durch Schwingungen entweder des Loch- oder des Fügeteils erleich-
tert. Zur systematischen Analyse des Fügevorgangs wird das Fügeteil idealisiert. Das Fügeteil wird in zwei Teile, ein zu fügen-
des und ein biegeschlaffes Teil, aufgeteilt. Das zu fügende Teil
ist hierbei ein Quader, das am Ende des biegeschlaffen Teils aufgehängt ist(Bild 26).

5 1 1   Grenzfallbetrachtung

In Bild 26 sind die Fügevorgänge dargestellt. Bild 26a zeigt die
Anfangsphase, wobei eine Positionsabweichung und eine Winkelabweichung vorhanden sind. Über die Übergangsphase werden drei
verschiedene Zustände nach dem Verlauf der Zeit t erreicht(Bild
26c). Im oberen Bild ist der Fügevorgang erfolgt und im unteren
Bild ist der Fügevorgang nicht erfolgt, während im mittleren Bild
ein Grenzfall dargestellt ist.

Beim Grenzfall sind drei Ecken im Loch des Lochteils und eine
andere Ecke liegt an der Kante des Loches an. Wegen der geometrischen Verhältnisse zwischen Fügeteil und Lochteil kann eine
der im Loch befindlichen Ecken nicht die Wandfläche des Lochs
berühren. Wenn nun die Fügekraft größer als die Grenzfügekraft
ist, kann das Fügeteil in das Loch gefügt werden.

In Bild 27 ist die Übergangsphase vom Anfangszustand zum Grenzfall dargestellt. Durch die Übergangsphase werden die Abweichungen ausgeglichen. Die Übergangsphase wird in folgende vier
Phasen unterteilt:

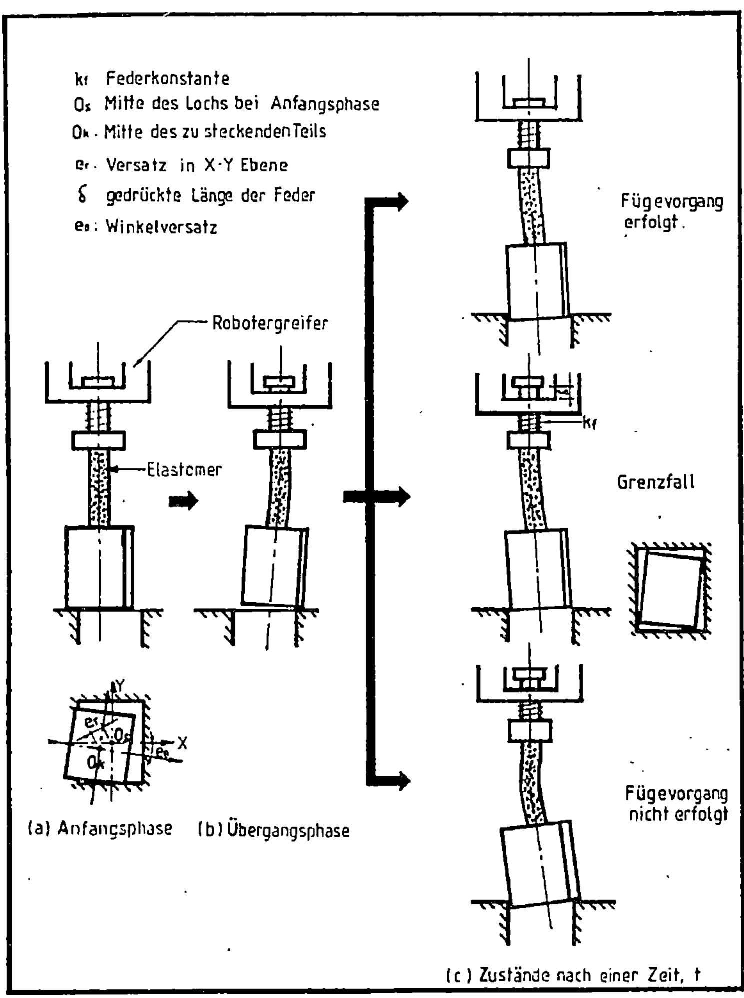

kf Federkonstante
Os Mitte des Lochs bei Anfangsphase
Ok · Mitte des zu steckenden Teils
er · Versatz in X·Y Ebene
S gedrückte Länge der Feder
eo : Winkelversatz
Robotergreifer
Elastomer
Y
er
Os
ek
Ok
X
Fügevorgang erfolgt.
kf
Grenzfall
Fügevorgang nicht erfolgt
(a) Anfangsphase
(b) Übergangsphase
(c) Zustände nach einer Zeit, t

Phase III : zwei Ecken im Loch

Phase IV : drei Ecken im Loch, eine Ecke an der Kante
             (Grenzfall)

In Bild 27 sind die Kräfte R's dargestellt, womit Abweichungen
ausgeglichen werden. Diese Kräfte sind Gegenkräfte zur Fügekraft
und entstehen nur beim Kippen des Fügeteils. Das Fügeteil kann
erst gekippt werden, wenn der Abstand s zwischen dem Aktionspunkt
Ok der Fügekraft und der gestrichelten Linie negativ ist.
Im Fall diagonaler Schwingung kann das Fügeteil leicht gekippt
werden, weil durch die Schwingung der Abstand s negativ wird.

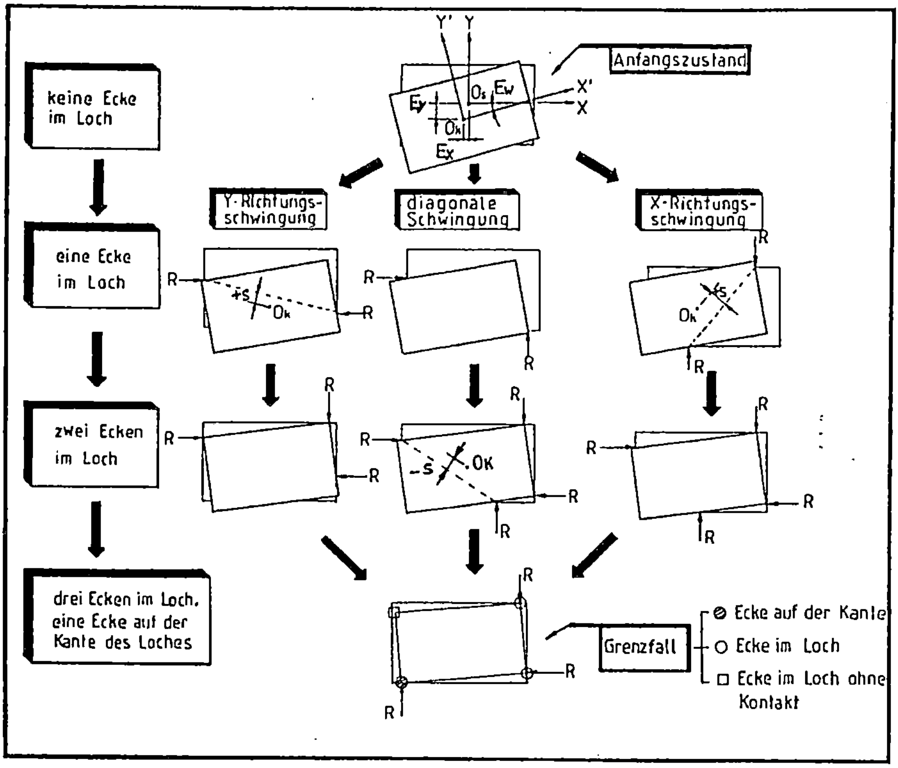

Im Fall der X- oder Y-Richtungsschwingung kann aber der Abstand nicht negativ werden. In diesem Fall entstehen einige Schwierigkeiten beim Übergang von Phase II zu Phase III.
Hierbei kann das Fügeteil nur durch die Reibung zwischen dem Fügeteil und dem Lochteil gekippt werden.

5.1.2   Einfluß der Vibrationsform

Wie in Abschnitt 5.1.1 analysiert, wird der Fügevorgang durch die Schwingungsrichtung(Vibrationsform) beeinflußt. Die Vibrationsform wird vom Frequenzverhaltnis der X- und Y-Richtungsvibration bestimmt. In Bild 28 sind verschiedene Vibrationsformen je nach den Frequenzverhältnissen dargestellt.

Frequenzverhältnis (f_y/f_x)	1	$\frac{9}{10}$	$\frac{4}{5}$	$\frac{7}{10}$	$\frac{3}{5}$	$\frac{1}{2}$
Vibrationsform						
Periode, P	T	10 T	5 T	10 T	5 T	2 T
Flächenüberdeckungsgrad, G^*	1,414	13,45	6,403	12,21	5,831	2,236
Nutzwert, N^{**}	34	70	48	63	45	36
Rangordnung	6	①	3	2	4	5

$$^* G = (P/T)\sqrt{1+(f_y/f_x)^2} \qquad\qquad ^{**} N = 30(1-P/P_{max}) + 70\, G/G_{max}$$

Dabei ist die Periode die Zykluszeit, in der ein Vorgang wiederholt wird. Beim Fügevorgang muß der Grenzfall in einem bestimmten Zeitraum je nach der Fügegeschwindigkeit erreicht werden. Je kürzer die Periode wird, desto höher wird die Wahrscheinlichkeit, daß der Grenzfall in einer bestimmten Zeitraum erreicht werden kann, d.h. das Fügeteil gefügt werden kann. In Bild 28 sind die Perioden im Bezug auf die Periode T bei $f_x/f_y=1$ berechnet.

Zum Ausgleich aller Arten der Lageabweichungen muß die Schwingungsspur eine möglichst große Fläche überdecken. Aus diesem Grund wird hierbei ein Flächenüberdeckungsgrad G als ein Bewertungsfaktor der Vibrationsform definiert. Er ist die Spurlänge, die in einer Flächeneinheit(im Fall Amplitude b=1 in Bild 28) abgebildet wird. Sie wird wie folgt berechnet:

$$G = (P/T)\sqrt{1 + (f_y/f_x)^2}$$

Je größer G wird, desto sicherer wird das Fügeteil gefügt.

Wie erwähnt wird der Fügevorgang durch die Periode und den Flächenüberdeckungsgrad der Vibration beeinflußt. Zur Bewertung der Vibrationsform ist hierbei ein Nutzwert N wie folgt definiert:

$$N = 30 \, (1-P/P_{max}) + 70 \, G/G_{max} \qquad (\%)$$

Hierbei ist P_{max} die maximale Periode(10T in Bild 28) und G_{max} der maximale Flächenüberdeckungsgrad(13,45 in Bild 28). G ist mit 70 % und P mit 30 % gewichtet, weil zum Ausgleich aller vorkommenden Abweichungen in der XY-Ebene der Flächenüberdeckungsgrad einen größeren Anteil zur Fügewahrscheinlichkeit liefert als die Periode. Mit zunehmendem G und abnehmender P nimmt der Nutzwert zu.

In Bild 28 hat sich die Vibrationsform mit $f_y/f_x=9/10$ als am besten (höchster Nutzwert) herausgestellt.

5.1.3   Analyse der Fügekräfte

In Bild 29 ist der Grenzfall im dreidimensionalen Raum dargestellt. Hierbei berührt das Fügeteil das Lochteil an den drei

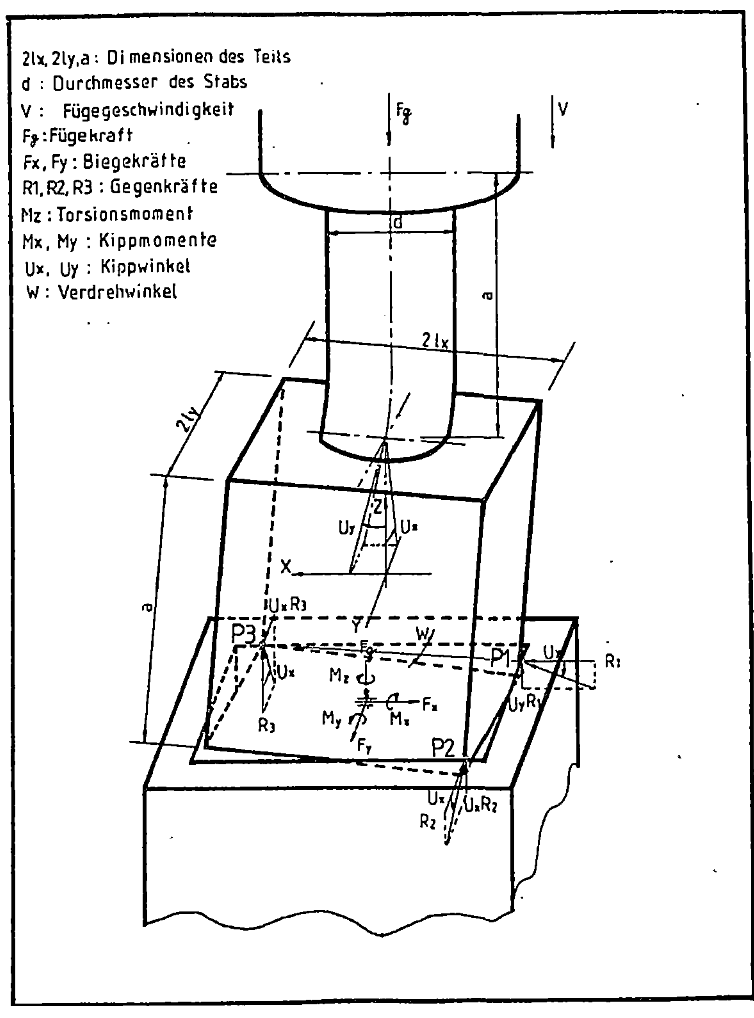

Bild 29. Mathematische Darstellung des Grenzfalls

Punkten P1,P2 und P3. An den Punkten P1 und P2 berühren die Kanten des Fügeteils die Kanten des Lochteils. Am Punkt P3 liegt die Ecke des Fügeteils an der Kante des Lochteils an.

Die Grenzfügekraft Fg erzeugt die Gegenkräfte R1, R2, R3, Uy.R1, Ux.R2 und Ux.R3 an den Punkten P1, P2 und P3, die Biegekräfte Fx und Fy, das Torsionsmoment Mz und die Kippmomente Mx und My des biegeschlaffen Stabs. Unter der Voraussetzung, daß die Kippwinkel Ux und Uy sehr klein gegen 1 sind und daß alle Reibungseinflüsse nicht betrachtet werden, werden die folgenden Gleichungen von den Gleichgewichtsbedingungen abgeleitet.

$$R1 - Fx = 0 \tag{1}$$
$$-R2 + UxR3 + Fy = 0 \tag{2}$$
$$UyR1 + UxR2 + R3 - Fg = 0 \tag{3}$$
$$-(Ly-C)UyR1 + (Ly+C)UxR2 - (Ly+C)R3 + Mx = 0 \tag{4}$$
$$(Lx+C)UyR1 + (Lx-C)UxR2 - (Lx-C)R3 + My = 0 \tag{5}$$
$$(Ly-C)R1 + (Lx-C)R2 + (Lx-C)UxR3 - Mz = 0 \tag{6}$$

Hierbei sind Lx und Ly die Abmessungen des Fügeteils und C ist das Spiel zwischen dem Fügeteil und dem Lochteil. Bei der Biegung des elastischen Stabes gelten folgende Gleichungen:

$$(3/2) \, a^2 \, Fy + a \, Mx = E \, I \, Ux \tag{7}$$
$$(3/2) \, a^2 \, Fx + a \, My = E \, I \, Uy \tag{8}$$

Hierbei ist E der Elastizitätsmodul, I das Trägheitsmoment und a die Länge des Stabes. Das Torsionsmoment Mz verdreht den elastischen Stab um den Winkel (Ew - W). Mit W = C/Lx gilt:

$$Mz = G \, Ip \, (Ew - C/Lx)/a \tag{9}$$

Hierbei ist G der Schubmodul, Ip das polare Trägheitsmoment und Ew die Winkelabweichung. Die neun linearen Gleichungen werden in der folgenden Matrix beschrieben.

- 56 -

$$\begin{pmatrix} 1 & 0 & 0 & -1 & 0 & 0 & 0 & 0 & 0 \\ 0 & -1 & Ux & 0 & 1 & 0 & 0 & 0 & 0 \\ Uy & Ux & 1 & 0 & 0 & -1 & 0 & 0 & 0 \\ -Uy(Ly-C) & Ux(Ly+C) & -(Ly+C) & 0 & 0 & 0 & 1 & 0 & 0 \\ Uy(Lx+C) & Ux(Lx-C) & -(Lx-C) & 0 & 0 & 0 & 0 & 1 & 0 \\ (Ly-C) & (Lx-C) & Ux(Lx-C) & 0 & 0 & 0 & 0 & 0 & -1 \\ 0 & 0 & 0 & 0 & 3a^2/2 & 0 & a & 0 & 0 \\ 0 & 0 & 0 & 3a^2/2 & 0 & 0 & 0 & a & 0 \\ 0 & 0 & 0 & 0 & 0 & 0 & 0 & 0 & 1 \end{pmatrix} \cdot \begin{pmatrix} R1 \\ R2 \\ R3 \\ Fx \\ Fy \\ Fg \\ Mx \\ My \\ Mz \end{pmatrix} = \begin{pmatrix} 0 \\ 0 \\ 0 \\ 0 \\ 0 \\ 0 \\ EIUx \\ EIUy \\ Q \end{pmatrix} \qquad (10)$$

Hierbei ist Q = GIp(Ew-C/Lx)/a. Nach dem Cramerschen Gesetz wird
die Grenzfügekraft Fg wie folgt berechnet.

$$Fg = \frac{1}{H} \begin{pmatrix} 1 & 0 & 0 & -1 & 0 & 0 & 0 & 0 & 0 \\ 0 & -1 & Ux & 0 & 1 & 0 & 0 & 0 & 0 \\ Uy & Ux & 1 & 0 & 0 & 0 & 0 & 0 & 0 \\ -Uy(Ly-C) & Ux(Ly+C) & -(Ly+C) & 0 & 0 & 0 & 1 & 0 & 0 \\ Uy(Lx+C) & Ux(Lx-C) & -(Lx-C) & 0 & 0 & 0 & 0 & 1 & 0 \\ (Ly-C) & (Lx-C) & Ux(Lx-C) & 0 & 0 & 0 & 0 & 0 & -1 \\ 0 & 0 & 0 & 0 & 3a^2/2 & EIUx & a & 0 & 0 \\ 0 & 0 & 0 & 3a^2/2 & 0 & EIUy & 0 & a & 0 \\ 0 & 0 & 0 & 0 & 0 & Q & 0 & 0 & 1 \end{pmatrix} \qquad (11)$$

Hierbei ist H die Koeffizientenmatrix von Gleichung (10) und wie
folgt definiert.

$$H = \begin{pmatrix} 1 & 0 & 0 & -1 & 0 & 0 & 0 & 0 & 0 \\ 0 & -1 & Ux & 0 & 1 & 0 & 0 & 0 & 0 \\ Uy & Ux & 1 & 0 & 0 & -1 & 0 & 0 & 0 \\ -Uy(Ly-C) & Ux(Ly+C) & -(Ly+C) & 0 & 0 & 0 & 1 & 0 & 0 \\ Uy(Lx+C) & Ux(Lx-C) & -(Lx-C) & 0 & 0 & 0 & 0 & 1 & 0 \\ (Ly-C) & (Lx-C) & Ux(Lx-C) & 0 & 0 & 0 & 0 & 0 & -1 \\ 0 & 0 & 0 & 0 & 3a^2/2 & 0 & a & 0 & 0 \\ 0 & 0 & 0 & 3a^2/2 & 0 & 0 & 0 & a & 0 \\ 0 & 0 & 0 & 0 & 0 & 0 & 0 & 0 & 1 \end{pmatrix}$$

Vorausgesetzt, daß Ux, Uy und C sehr kleiner gegen 1 sind, wird die Grenzfügekraft Fg wie folgt angenähert:

$$Fg = \frac{\pi d^4\, G(Ew-C/Lx)\ 3a/4-(UyLx+UxLy)-E(UxLx+UyLy)/4G(Ew-C/Lx)}{32(3aLxLy-2UyLx^2Ly-9a^2UxLy/2-3aCLy)} \qquad (12)$$

Hierbei ist d der Durchmesser des elastischen Stabes.
Für die Ermittlung der Knickkraft wird folgendes vorausgesetzt:
  - Die Knickung ist elastisch
  - Die beiden Enden des Stabes sind eingespannt
Mit der Eulerschen Knickformel wird die Knickkraft Fk wie folgt
ermittelt:

$$Fk = \pi^3.d^4\,.E\ /\ 16\ a^2.n \qquad\qquad (13)$$

Hierbei ist n der Sicherheitsgrad.
Von der Grenzfügekraft Fg und der Knickkraft Fk wird der Bereich
der Fügekraft Fs, wo das Fügeteil gefügt werden kann, bestimmt.

$$Fg\ <\ Fs\ <\ Fk \qquad\qquad (14)$$

Die Fügekraft Fs wird von der Fügegeschwindigkeit des Roboters
und der Fügezeit bestimmt. Wie in Bild 26 gezeigt, wird der
Grenzfall ab der Anfangsphase nach dem Verlauf der Zeit t erreicht. Zur Ermittlung der Fügekraft, wird eine Feder benutzt.
Dabei wird über die Verformung der Feder die Fügekraft Fs gemessen.

$$Fs = kf.V.t \qquad\qquad (15)$$

Hierbei ist kf die Federsteifigkeit und V die Fügegeschwindigkeit
des Roboters. Im Hinblick auf den Zeitverlauf tg bis zum Grenzfall und auf den Zeitverlauf tk bis zum Zustand, wo die Knickung
gerade eintritt, wird der Zeitraum dt, in dem das Fügeteil gefügt
werden kann, wie folgt bestimmt:

$$dt = tk - tg = (\ Fk - Fg\ )\ /\ kf.V \qquad\qquad (16)$$

Je größer der Zeitraum wird, desto höher wird die Erfolgsrate des
Fügevorgangs, d.h.,

- mit zunehmendem Kraftunterschied (Fk-Fg)
- mit abnehmender Fügegeschwindigkeit und
- mit abnehmender Federsteifigkeit

wird die Erfolgsrate des Fügevorgangs höher.

5.1.4   Simulation des Fügevorgangs

Wie im Abschnitt 5.1.3 analysiert, werden die Grenzfügekraft und
die Knickkraft durch verschiedene Faktoren beeinflußt. Für die
Untersuchung der Beeinflussung werden die Gleichungen (12) und
(13) bei folgenden Bedingungen simuliert:

$Lx = 0,35$ cm , $Ly = 0,2$ cm

$E = 40$ kg/cm^2 , $G = 10$ kg/cm^2,

$n = 8$, $Ew = 10$ Grad , $Ux = Uy = 5$ Grad ,

$d = 0,5$ cm , $a = 1$ cm , $C = 0,01$ cm

In Bild 30 sind die Ergebnisse der Simulation dargestellt.
Mit

- abnehmendem Kippwinkel(d.h. abnehmender Positionsabweichung)
- zunehmendem Stabdurchmesser
- abnehmendem Gleitmodul(d.h. abnehmender Torsionssteifigkeit)
- zunehmendem Elastizitätsmodul(d.h. zunehmender Biegestei-
  figkeit)
- abnehmender Winkelabweichung und
- zunehmendem Spiel

nimmt dabei der Kraftunterschied Fk-Fg zu, dadurch nimmt die
Erfolgsrate zu.
Bei

- großem Kippwinkel
- hohem Gleitmodul
- kleinem Elastizitätsmodul
- großer Winkelabweichung

ist das Fügen des Fügeteils aber unmöglich, weil die Grenzfügekraft größer als die Knickkraft ist.

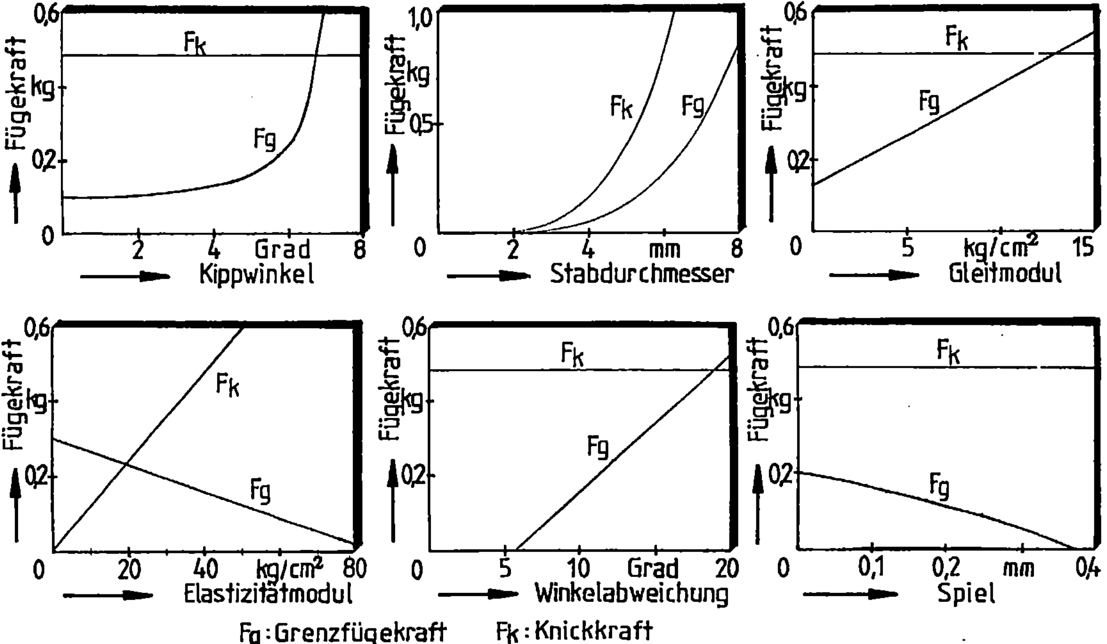

Bild 30.   Simulationsergebnisse

5.2 Versuchsaufbau

In Bild 31 ist die Übersicht über die Versuchseinrichtung mit
einer Vibrationsplatte und in Bild 32 ein vibrierendes Fügewerkzeug dargestellt. In diesem Versuch wurde ein dreiachsiger Portalroboter der Fa. Hauser verwendet. In Bild 33 sind idealisierte
Versuchswerkstücke dargestellt.

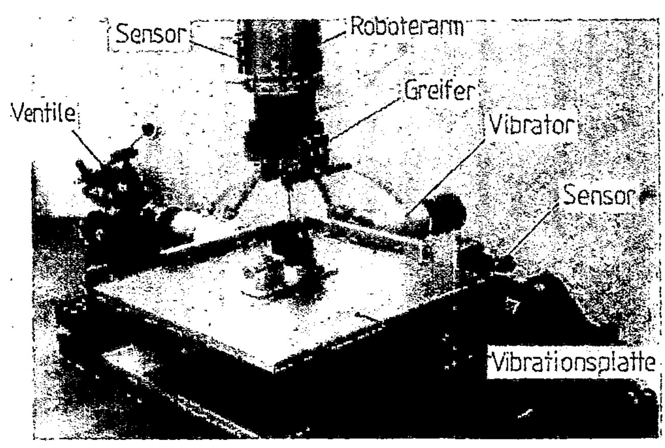

Bild 31.   Versuchsaufbau mit einer Vibrationsplatte

5 3 Versuchsdurchführung

Die Versuche wurden in zwei Schritten, Vor- und Hauptversuch
durchgeführt. Im Vorversuch wurde eine ideale Ausgangsbedingung
für den Hauptversuch ermittelt. Im Hauptversuch wurde jeweils
einer der Einflußfaktoren der Ausgangsbedingung variiert, während
die restlichen konstant gehalten wurden. Diese Versuchsvorgänge
wurden mit allen Einflußfaktoren wiederholt. Die Versuche wurden
jeweils mit idealisierten Werkstücken und mit Crimp-Kontakten
durchgeführt.

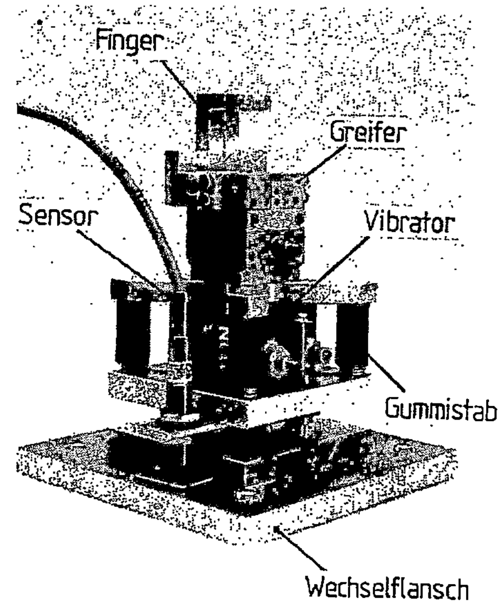

Bild 32. vibrierendes Fügewerkzeug

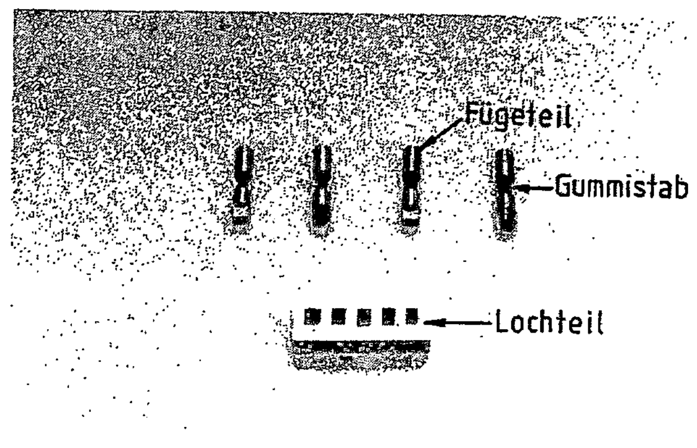

Bild 33. idealisierte Versuchswerkstücke

5.3.1   Versuche mit idealisierten Werkstücken

Im Vorversuch wurden folgende Ausgangsbedingungen ermittelt:

- bei Versuchen mit vibrierender Montageplatte
  V = 2 mm/s , f_x = 20 Hz , f_y = 16 Hz
  C_x = C_y = 0,25 mm ,   d = 5 mm
  E_x = E_y = 1,3 mm , E_w = 10 Grad

- bei Versuchen mit vibrierendem Fügewerkzeug
  V = 6 mm/s ,   f = 65 Hz
  C_x = C_y = 0,25 mm ,   d = 5 mm
  E_x = E_y = 1,5 mm , E_w = 10 Grad

Für dem Versuch wurde folgende Versuchsstrategie festgesetzt:
- Beim Fügen des Fügeteils in das Loch (X0,Y0) fährt der Roboter die folgenden neun Punkte an:

  (X0-Ex,Y0+Ey)   (X0,Y0+Ey)   (X0+Ex,Y0+Ey)
  (X0-Ex,Y0)   (X0,Y0)   (X0+Ex,Y0)
  (X0-Ex,Y0-Ey)   (X0,Y0-Ey)   (X0+Ex,Y0-Ey)

- Wegen der höheren Eintreffwahrscheinlichkeit des Punkt (X0,Y0) werden die Fügeversuche bei diesem Punkt doppelt (10 mal) so oft wie bei anderen Punkte(5 mal) wiederholt.

- Wenn die Fügekraft mehr als 5 N bei einem Fügevorgang beträgt, wird der Fügevorgang abgebrochen.

In Bild 34 ist das Flußdiagramm des Versuchsprogramms dargestellt.
Als ein Beurteilungsfaktor wird hierbei die Erfolgsrate Er wie folgt definiert:

$$Er = \frac{\text{Zahl der erfolgreichen Fügevorgänge}}{\text{Gesamtzahl der Fügevorgänge}} \times 100 \quad (\%)$$

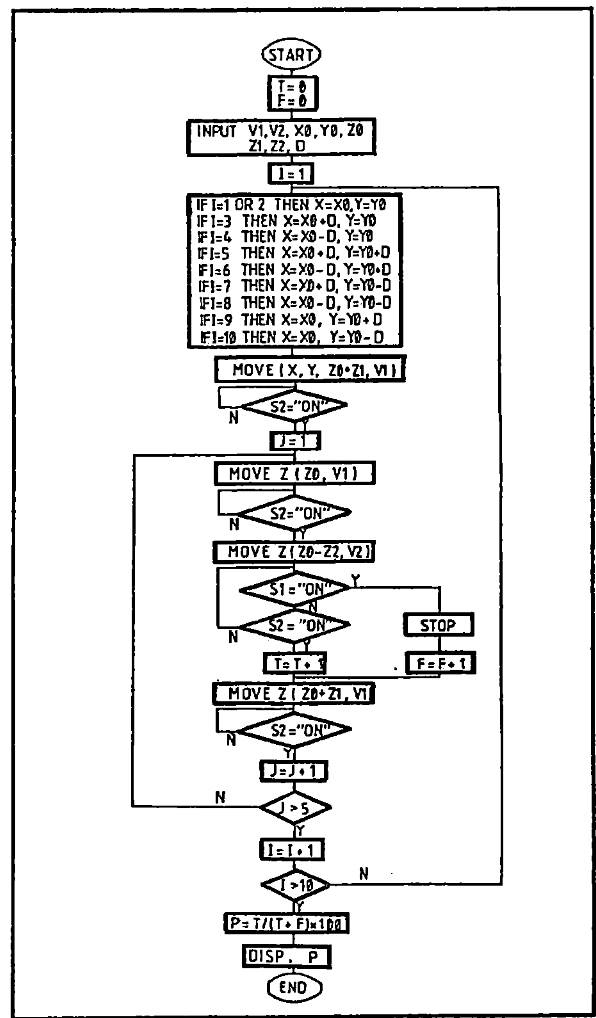

Bild 34. Flußdiagramm des Versuchsprogramms

5.3.2   Fügeversuche mit Crimp-Kontakten

Hierbei wurde die gleiche Versuchsstrategie wie im Abschnitt
5.3.1 verwendet.   Die Versuche wurden mit der folgenden Ausgangsbedingungen durchgeführt.

- bei den Versuchen mit vibrierender Montageplatte
  V = 2 mm/s , fy/fx = 16/20
  Ex = Ey = 1,5 mm , Ew = 15 Grad

- bei den Versuchen mit vibrierendem Fügewerkzeug
  V = 9 mm/sec , f = 65 Hz
  Ex = Ey = 2 mm , Ew = 15 Grad

5.4 Versuchsergebnisse

5.4.1 Fügeversuche mit idealisierten Werkstücken

5.4.1.1 Vibrierende Montageplatte

Bild 35a zeigt den Einfluß der Fügegeschwindigkeit. Die Versuche
wurden mit einer Frequenz fx von 20 Hz durchgeführt, während die
Frequenz fy zwischen 14 Hz und 20 Hz variiert wurde. Bei fy = 20
Hz nimmt die Erfolgsrate mit zunehmender Fügegeschwindigkeit
rasch ab. Bei anderen Frequenzen ist die Erfolgsrate bei Fügegeschwindigkeiten niedriger 2 mm/s fast 100 %. Mit zunehmender
Fügegeschwindigkeit nimmt die Erfolgsrate langsam ab.
Bild 35b zeigt den Einfluß des Frequenzverhältnisses. Bei fy/fx
= 1 ist die Erfolgsrate sehr niedrig. Bei anderen Frequenzverhältnissen sind aber die Erfolgsraten fast gleich.

In Bild 35c ist der Einfluß des Spiels bei Cx=Cy dargestellt.
Bei Ew< 5 Grad beträgt die Erfolgsrate fast 100 % unabhängig vom
Spiel und bei Ew > 10 Grad nimmt die Erfolgsrate mit abnehmendem
Spiel stark ab. In Bild 35d ist der Einfluß des Spiels bei Cx ≠
Cy dargestellt. Die Versuche wurden mit einem Spiel Cx von 0,1 mm
durchgeführt, während das Spiel Cy zwischen 0,1mm und 1,0 mm variiert wurde. Wie im Bild 35c, ist die Erfolgsrate bei Ew<5 Grad
fast 100% unabhängig von Cy und bei der großen Winkelabweichung
nimmt die Erfolgsrate mit zunehmendem Spiel stark zu. Bei Cy>0,5
mm bleibt aber die Erfolgsrate fast konstant unabhängig von Cy.

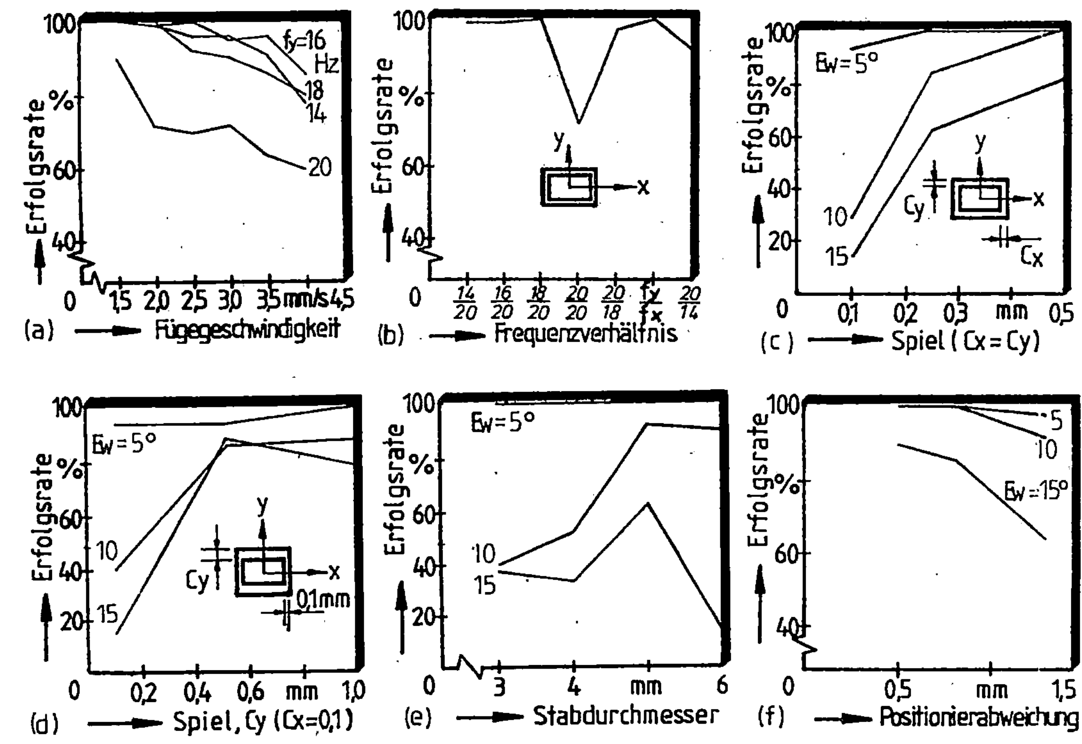

Bild 35. Versuchsergebnisse bei vibrierender Montageplatte

In Bild 35e ist der Einfluß des Stabdurchmessers dargestellt. Bei
$E_w < 5$ Grad beträgt die Erfolgsrate fast 100 % unabhängig vom
Stabdurchmesser. Bei $E_w > 10$ Grad wird die Erfolgsrate mit zunehmendem Durchmesser erhöht. Die Erfolgsrate nimmt aber bei $d >$
5 mm mit zunehmendem Durchmesser ab. Zum Fügen von dicken Kabeln wurden große Ausgleichskräfte zur Verdrehung und Biegung der
Kabel benötigt, d.h. eine große Fügekraft wird benötigt. Bei $d > 5$
mm war die benötigte Fügekraft häufig größer als die eingestellte
maximale Fügekraft von 5 N, der Fügevorgang wurde dabei abgebrochen. Diese Probleme können durch die Vergrößerung der maximalen Fügekraft beseitigt werden.

In Bild 35f ist der Einfluß der Positionierabweichung dargestellt. Bei $E_w < 10$ Grad beträgt die Erfolgsrate fast 100%
unabhängig von der Positionierabweichung. Bei der großen Winkelabweichung nimmt mit zunehmender Positionierabweichung die Erfolgsrate stark ab.

5.4.1.2   Vibrierendes Fügewerkzeug

Bei diesem Versuch verhalten sich die Einflüsse verschiedener
Faktoren auf die Erfolgsraten ähnlich wie beim Versuch mit der
vibrierenden Montageplatte. Bild 36a zeigt den Einfluß der Fügegeschwindigkeit bei verschiedenen Frequenzen. Beim Versuch wurde
die Fügegeschwindigkeit wegen der höheren Frequenz vergrößert.
Bei Frequenzen von mehr als 25 Hz,sowie Fügegeschwindigkeiten
von bis zu 9 mm/s liegen die Erfolgsraten bei über 90 %.

Bild 36b und 36c zeigen die Verhältnisse der Erfolgsraten bei
verschiedenen Abweichungen und Fügegeschwindigkeiten. Mit zunehmenden Abweichungen nehmen die Erfolgsraten ab. Besonders bei
einer Fügegeschwindigkeit von mehr als 9 mm/s nimmt die Erfolgsrate mit zunehmender Fügegeschwindigkeit stark ab.

Bild 36d zeigt die Verhältnisse der Erfolgsraten bei verschiedenen Positions- und Winkelabweichungen. Wegen der größeren

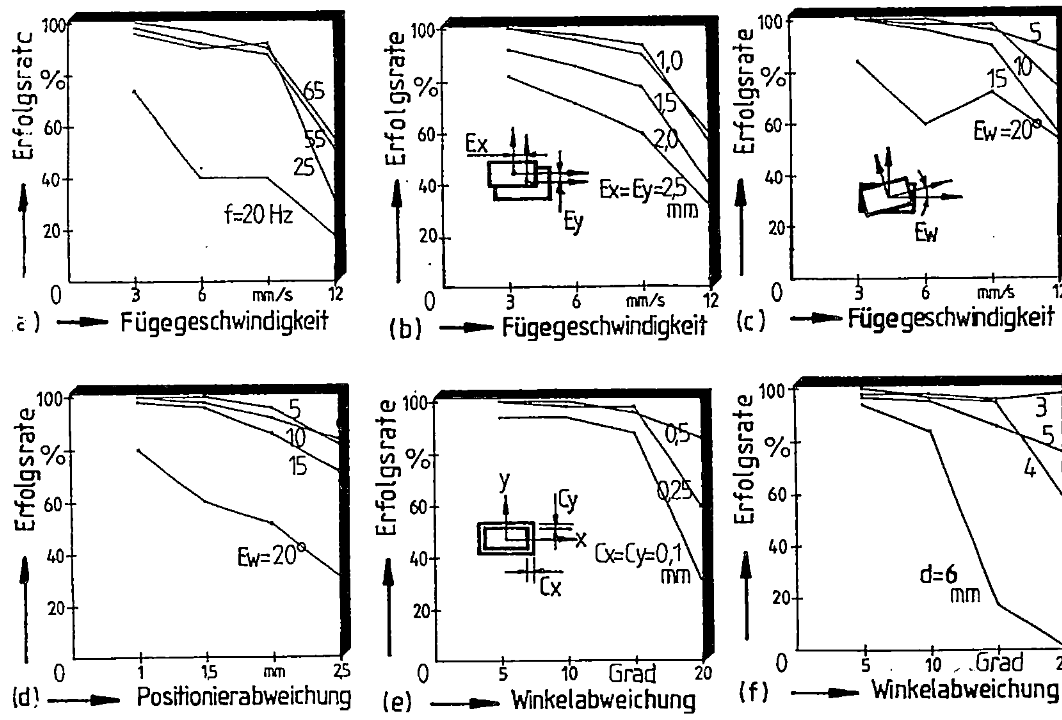

Bild 36. Versuchsergebnisse bei vibrierendem Fügewerkzeug

Schwingbreite wurden die Montageteile bei relativ hohen Lageabweichungen wie z.B. Ew=15 Grad und Ex=Ey=2,5 mm mit Erfolgsraten von über 80 % gefügt.

Bild 36e zeigt den Einfluß der Toleranzen. Bei Toleranzen von
über 0,25 mm wurden die Montageteile unabhängig von den Toleranzen fast 100 % gefügt. Bei der Toleranz von 0,1mm nahmen die Erfolgsraten langsam ab. Bei kleinen Toleranzen sowie Winkelabweichungen von über 15 Grad nahmen die Erfolgsraten mit zunehmenden Winkelabweichungen stark ab.

Bild 36f zeigt den Einfluß der Dicke des Gummistabes. Die Fügeteile mit dünnen Gummistäben wurden bei den Winkelabweichungen
von kleiner als 15 Grad fast 100 % gefügt. Bei d=6mm waren die
Fügekräfte häufig über 5 N und die Fügevorgänge wurden unter-
brochen (Fehlermeldung).

5 4.2   Fügeversuche mit Crimp-Kontakten

In Bild 37 werden die Versuchsergebnisse beim Versuch mit Crimp-
Kontakten dargestellt. Wie beim Versuch mit idealisierten Ver-
suchswerkstücken wurde das Fügen mit vibrierendem Fügewerkzeug
von dem fügetechnischen Gesichtspunkt aus günstiger beurteilt
als das Fügen mit vibrierender Montageplatte.

Beim Versuch mit vibrierendem Fügewerkzeug wurden die meisten
Fügeteile mit einer Fügegeschwindigkeit von 12 mm/s gefügt und
die zulässigen Positions- und Winkelabweichungen erreichten
jeweils 4 mm (= / Ex +Ey) und 20 Grad. Beim Versuch mit vibrierender Montageplatte wurden die Fügeteile dagegen mit einer Füge-
geschwinigkeit von kleiner als 6 mm/s (durchschnittlich 5 mm/s)
gefügt. Dabei betrug die zulässige Positions- und Winkelabweichung durchschnittlich 2,5 mm bzw 13 Grad

Im allgemeinen waren die Einflüsse der Montageteilgeometrie nicht
kritisch. Im Vergleich zu anderen Kontakten wurden zylindrische

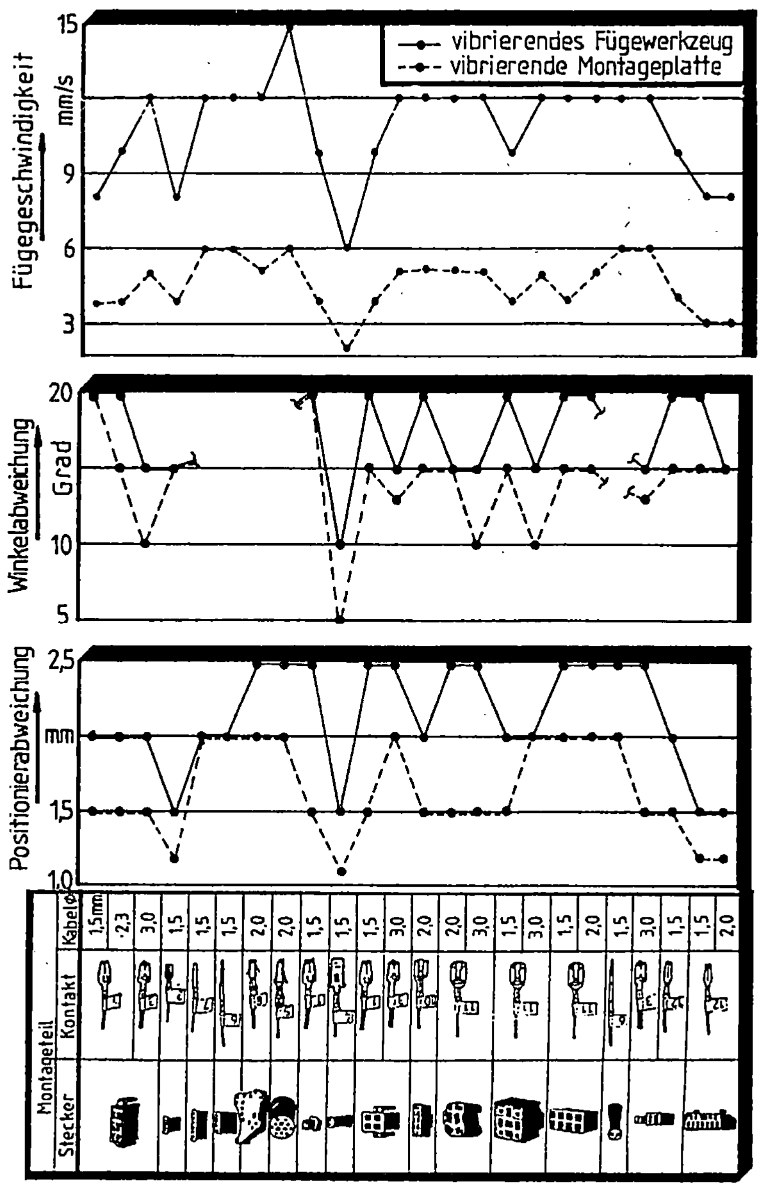

Bild 37. Versuchsergebnisse beim Versuch mit Crimp-Kontakten

Kontakte mit größeren Fügegeschwindigkeiten und größeren Abweichungen gefügt. Beim Fügen der scharfkantigen Kontakte in die dicht gedrängten Löcher wurde die Fügegeschwindigkeit und die zulässige Abweichung vermindert (z.B. Fügepartner 11-p in Bild 4 und 5). Beim Fügen von Kabeln mit größerem Durchmesser waren höhere Fügegeschwindigkeiten und größere Abweichungen zulässig als beim Fügen von Kabeln mit dünnerem Durchmesser.

5.4.3   Vergleich der Vibrationssysteme

Aus dem strukturellen Unterschied zwischen den beiden Vibrationssystemen resultieren Unterschiede in den Vibrations- und Fügeeigenschaften. Beim Vibrationssystem mit vibrierender Montageplatte bleibt die große Montageplatte nicht stabil in ihrer Position, weil sie auf einer Grundfläche mit vier nachgiebigen Stäben gelagert ist. Bei dieser Struktur ist die Amplitude und die Frequenz des schweren Vibrierteils wegen der Leistungsbegrenzung des Vibrators sehr gering. Dadurch wird die Fügegeschwindigkeit und die zulässige Abweichung dieses Systems relativ niedrig. Je schwerer die Montageplatte wird, desto schwerwiegender werden diese Nachteile.

Bei dieser Methode kann aber das Fügewerkzeug sehr einfach konstruiert werden. Dies ist ein großer Vorteil bei der praktischen Kabelbaummontage , weil die Kontakte durch ein Verlegewerkzeug beim Verlegevorgang gefügt werden können.
Bei dieser Methode kann auch die Vibrationsform beliebig geändert werden. Diese Eigenschaft kann sich aber nicht vorteilhaft auswirken, weil der Fügevorgang durch die Vibrationsform fast nicht beeinflußt wird.
Demgegenüber enthält das vibrierende Fügewerkzeug mehrere Vorteile wie günstige Anlagekosten, bessere Kompaktheit, hohe zulässige Fügegeschwindigkeit und große zulässige Abweichungen .
Die beiden Vibrationsmethoden werden in Bild 38 vergleichend gegenübergestellt.

Vergleichsfaktoren	vibrierende Montageplatte	vibrierendes Fügewerkzeug
Anlage	-komplizierte, nicht stabile Montageplatte -umständliches Einstellen der Vibration -einfaches Fügewerkzeug	-kompliziertes Fügewerkzeug -günstige Anlagekosten -kompakter Fügemechanismus -einfache Steuerung
max. Frequenz	20 Hz	65 Hz
Vibrationsform	variierbar	nur kreisförmig
Schwingbreite	max. 1,5 mm	mehr als 3 mm
Fügegeschwindigkeit	5 mm/s	12 mm/s
zulässige Positionier-abweichung	1,5 mm	4 mm
zulässige Winkel-abweichung	13°	20°

* Alle Angaben sind durchschnittliche Werte

Bild 38.   Vergleich der Vibrationsmethoden

5.5   Zusammenfassung

In der vorliegenden Arbeit wurden als 2 Fügehilfsmittel eine vibrierende Montageplatte und ein vibrierendes Fügewerkzeug entwickelt. Durch die Analyse des Fügevorgangs wurden die Einflüsse der verschiedenen Faktoren auf die Fügefähigkeit untersucht. Beim Versuch wurden die Fügefähigkeiten der beiden Vibrationssysteme und die Einflüsse der verschiedenen Faktoren erprobt. Zur systematischen Untersuchung wurden nicht nur die Crimp-Kontakte sondern auch die idealisierten Werkstücke bei dieser Arbeit verwendet.

Wegen der leistungsfähigeren Struktur (besonders wegen der höheren Frequenz) wurden die Fügepartner mit vibrierendem Fügewerkzeug schneller und sicherer gefügt als mit vibrierender Montageplatte. Im Versuch mit dem vibrierendem Fügewerkzeug und den Crimp-Kontakten betrug die Fügegeschwindigkeit 12 mm/s, die zulässige Positionsabweichung 4 mm und die zulässige Winkelabweichung 20 Grad.

Beim Versuch nahmen die Erfolgsraten der Fügevorgänge zu, mit
- zunehmender Frequenz
- zunehmender Kabelstärke(im Bereich der üblichen Kabeldicke)
- abnehmender Positions- und Winkelabweichung
- zunehmender Toleranz zwischen den Fügepartnern
Außerdem war die Erfolgsrate beim Versuch mit einer linearen Vibration ($fy/fx=1$) sehr niedrig.

Bei dieser Fügemethode mit der Vibrationsunterstützung waren die Einflüsse der Kontakt- und Steckergeometrie nicht kritisch. Die Fügefähigkeit kann aber weiter verbessert werden, wenn die Kontakte und Stecker wie folgt gestaltet werden:
- Vereinfachung der Kontaktgeometrie
  z.B. Zylinder oder Quader
- Verrundung der scharfen Kanten an den Stirnseiten
  der Kontakte
- Vergrößerung der Lochabstände
- Anfasen der Löcher
- Verwendung dickerer Kabel (z.B. 2 bis 3 mm Durchmesser)
  oder teilweise Verstärkung der dünnen Kabelenden

6.1   Analyse des Fügevorgangs

Beim Fügevorgang entstehen folgende kritische Situationen :
- Verfehlen des Loches
- Festklemmen im Loch

In Bild 39 sind diese kritischen Zustände skizziert. Wie im Bild 39a gezeigt, können sie je nach der Abweichung in drei Zustände eingeteilt werden.

Der erste Fall ist der, bei dem die Mitte des Fügeteils innerhalb der Öffnung liegt und das Fügeteil nicht gekippt ist.

Beim zweiten Fall ist dagegen das Fügeteil gekippt. Im dritten Fall liegt die Mitte des Fügeteils wegen der großen Positionsabweichung außerhalb der Öffnung.

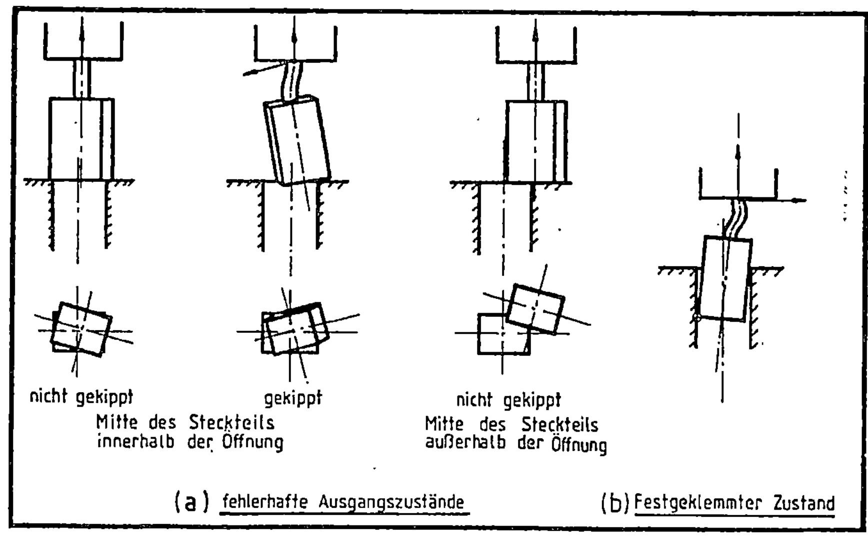

Bild 39. Kritische Zustände beim Fügevorgang

Im zweiten Fall stimmt die Ausgleichsrichtung und die Gegen-
kraftrichtung in einer XY-Ebene überein. Bei den anderen zwei
Fällen sind die Fügeteile nicht gekippt und dabei können keine
Informationen über die Ausgleichsrichtung gewonnen werden. Dafür
soll eine besondere Fügestrategie bei den Fügeversuchen erstellt
werden.

In Bild 39b ist der festgeklemmte Zustand dargestellt. Bei diesem
Fall ist die Ausgleichsrichtung die entgegengesetzte Richtung zur
Gegenkraft.

6.2   Analyse des Sensorsystems

6.2.1   Verarbeitung der Sensorsignale

In diesem Abschnitt werden die kritischen Fügezustände mit Hilfe
des in Bild 20 dargestellten Sensorsystems erfaßt. In Bild 40 ist
ein theoretisches Modell zur Analyse des Sensorsystems dargestellt. Das Sensorsystem besteht aus einem rechten und einem
linken Kraftaufnehmer. An jedem Kraftaufnehmer werden drei Dehn-
meßstreifen jeweils parallel zur X-,Y- und Z-Richtung geklebt.
Dadurch werden die von einem Kontakt ausgeübten Kräfte F_x,F_y und
F_z von dem jeweiligen Dehnmeßstreifenpaar (SLX,SRX),(SLY,SRY) und
(SLZ,SRZ) erkannt.

Bei dieser Anordnung der DMS werden die Meßwerte der DMS durch
Störungen wie Greifkraft, Temperatur und Zugkraft des Kabels
stark beeinflußt. Außerdem wird ein DMS durch mehrere Arten
von Kräften beeinflußt, beispielsweise wird der Meßwert von SLZ
nicht nur durch F_z sondern auch durch F_y geändert. Zur Beseitigung solcher Störungen werden die Meßwertänderungen der DMS vom
Ausgangszustand bis zum belasteten Zustand als Sensorsignale
verwendet. Die Meßwertänderungen werden weiter paarweise subtra-
hiert oder addiert, damit ein resultierender Wert nur durch eine
entsprechende Kraftkomponente beeinflußt werden kann.

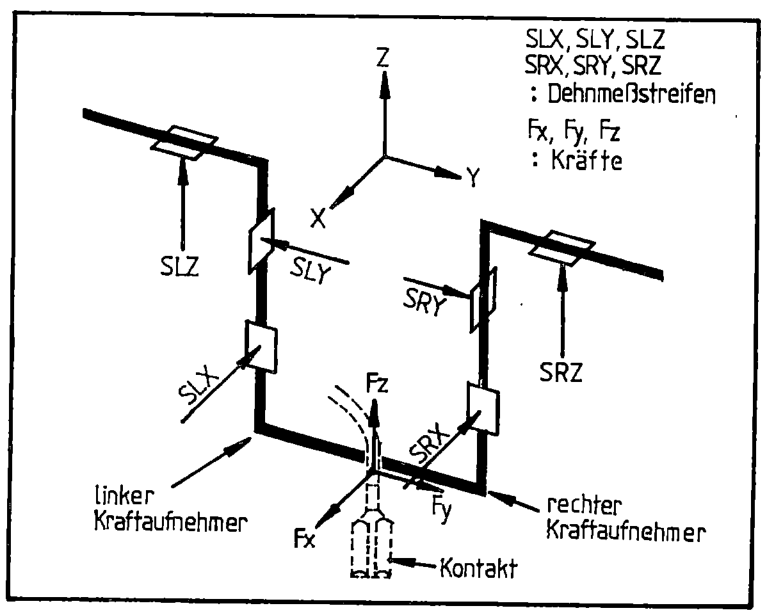

Bild 40.   Mathematische Darstellung des Sensorsystems

In Bild 41 sind die Meßwerte der DMS verarbeitet und zur Kenn-
zeichnung der Kraftkomponenten sind drei Kenngrößen ermittelt.
Zum Beispiel werden die Werte des Dehnmeßstreifenpaars SLX und
SRX zur Erkennung der Kraftkomponente Fx wie folgt verarbeitet:

$$DLX = VLX - VLXO$$
$$DRX = VRX - VRXO$$
$$DDX = DRX - DLX$$
$$ADX = DRX + DLX$$

Hierbei sind VRX und VLX die Meßwerte der DMS SRX und SLX im belasteten Zustand. VRXO und VLXO sind die Meßwerte im Ausgangszustand. Dabei berühren sich der Kontakt und das Steckergehäuse
noch nicht. DRX und DLX sind die Meßwertänderungen von SRX und
SLX vom Ausgangszustand bis zum belasteten Zustand. Durch Sub-
traktion und Addition der beiden Meßwertänderungen werden die

zu analysierende Kraftkomponenten	zugeordnete Dehnmeßstreifen	Meßwerte d. DMS beim Ausgangszustand, Volt	Meßwerte d. DMS beim belasteten Zustand, Volt	Meßwertänderungen, belasteter Z.-Ausgangsz.	Subtraktion d. Meßwert-änderungen, $DR* - DL*$	Addition d. Meßwert-änderungen, $DR* + DL*$	Verhältnisse der Meß-größen zur Kräfte	Kenngrößen
Fx	SLX··	VLX0	VLX	DLX	DDX	ADX	Fx, DDX, ADX, -v	ADX
	SRX	VRX0	VRX	DRX				
Fy	SLY	VLY0	VLY	DLY	DDY	ADY	v, DDY, ADY, Fy	DDY
	SRY	VRY0	VRY	DRY				
Fz	SLZ	VLZ0	VLZ	DLZ	DDZ	ADZ	v, ADZ, DDZ, Fz	ADZ
	SRZ	VRZ0	VRZ	DRZ				

Bild 41.   Verarbeitungsschema der Sensorsignale

Werte DDX und ADX bestimmt.
Die Signale der vier anderen DMS werden nach dem gleichen Verfahren wie SLX und SRX verarbeitet. Dadurch werden die sechs Meßgrößen DDX,ADX,DDY,ADY,DDZ und ADZ bestimmt. Aufgrund der Anordnung der DMS verhalten sich nur drei Meßgrößen ADX,DDY und ADZ proportional zur jeweiligen Kraftkomponente Fx,Fy und Fz. Diese drei Meßgrößen werden als Kenngrößen für die Kräfte verwendet.

6.2.2   Erprobung des Sensorsystems

Zur Erprobung des Sensorsystems wurden neun mögliche Fügezu-

stände ermittelt. Beim Versuch wurden die Verhältnisse der drei
Kenngrößen ADX,DDY und ADZ im jeweiligen Zustand untersucht.
In Bild 42 sind die Versuchsergebnisse dargestellt. Beim Versuch
wurde das IBM-Robotersystem RS-1 ohne zusätzliche Versuchseinrichtung verwendet. Bei jedem Zustand fährt der Roboter schrittweise in der jeweils angegebenen Richtung. Bei jedem Schritt wurde die Änderung der Meßgrößen protokolliert. In Bild 42 ist die
Abszisse der Fahrweg des Roboters und die Ordinate die Meßgröße
der drei Kenngrößen.

Bei den Zuständen in Bild 42a bis 42e beansprucht nur eine Kraftkomponente den Greiferfinger(Kraftaufnehmer), während er bei den
vier anderen Zuständen von zwei Kraftkomponenten beansprucht wird.
Dadurch wurde eine der drei Kenngrößen in Bild 42a bis 42e und
zwei Kenngrößen in Bild 42f bis 42i proportional zum Fahrweg des
Roboters geändert.
Bei jedem Zustand ist die Änderung der unnötigen Kenngrößen gering
und unabhängig vom Fahrweg des Roboters. Diese Änderungen der unnötigen Kenngrößen wirken sich als Störungen aus und betragen ca.
0,1 N (10 Gramm). Beim Fügeversuch sollen deshalb die Schalt-
werte der Kenngrößen, bei denen der Roboter reagiert, größer als
0,1 N gewählt werden.

Aufgrund der Versuchsergebnisse sind in Bild 43 die möglichen
Fügezustände mit drei Kenngrößen gekennzeichnet. Dabei ist '+'
ein positiver Wert und '-' ein negativer Wert der entsprechenden
Kenngröße. Je nach dem Zustand der drei Kenngrößen werden die
Ausgleichsrichtungen bestimmt und gemäß der Tabelle in Bild 43
wird eine Fügestrategie erstellt.

6.3   Fügestrategie

Für die Fügeversuche wurde folgende Fügestrategie erstellt:
  - Beim Fügen des Fügeteils in das Loch (X0,Y0) fährt der Robo-
    ter neun Punkte (siehe Abschnitt 5.3.1) an.

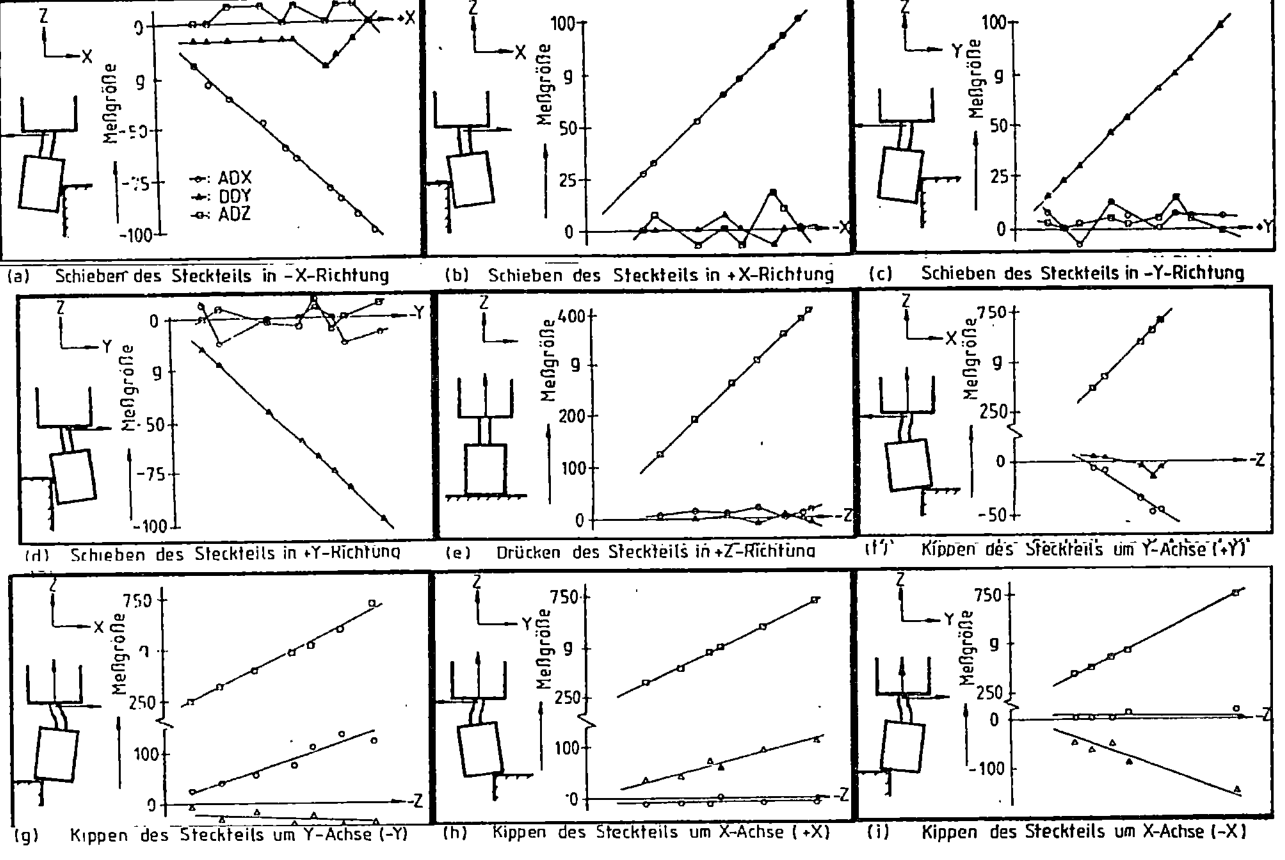

Bild 42. Verhältnisse der Kenngrößen bei verschiedenen Zustände

Zustände	ADX	DDY	ADZ	Zustände	ADX	DDY	ADZ
Z, X	−			Z, X	−		+
Z, X	+			Z, X	+		+
Z, Y		+		Z, Y		+	+
Z, Y		−		Z, Y		−	+

Bild 43. Kennzeichnung der Fügezustände mit Kenngrößen

- Bei jedem Punkt werden die Fügeversuche 5 mal wiederholt
- Bei einem bestimmten Wert (Schaltkraft) der ADZ wird die
  Fügebewegung in Z-Richtung abgebrochen. Zur Beseitigung der
  Reibung bei der Ausgleichsbewegung korrigiert der Roboter in
  +Z-Richtung um einen definierten Weg (z.B. 0,5 mm)
  Gemäß der Werte ADX und DDY bewegt sich der Roboter in X-
  und/oder Y-Richtung einen definierten Weg SW. Der Roboter
  setzt seine Fügebewegung fort. Diese Vorgänge werden so lange
  wiederholt, bis das Fügeteil fertig gesteckt ist.
- Die Schaltkräfte werden bei den zwei Fällen Verfehlen und
  Festklemmen unterschiedlich eingesetzt(z.B. ADZ0 beim
  Verfehlen und ADZ1 beim Festklemmen).
- Wenn die Werte ADX und DDY kleiner als die minimalen Grenz-
  werte sind, d.h., wenn das Fügeteil in keiner Richtung gekippt ist, wird der Fügevorgang nach $\pm$ 30 Grad-Drehung des
  Fügeteils fortgesetzt. Dadurch kann das Fügeteil gekippt
  werden.

Bild 44 zeigt das Flußdiagramm des Versuchsprogramms.

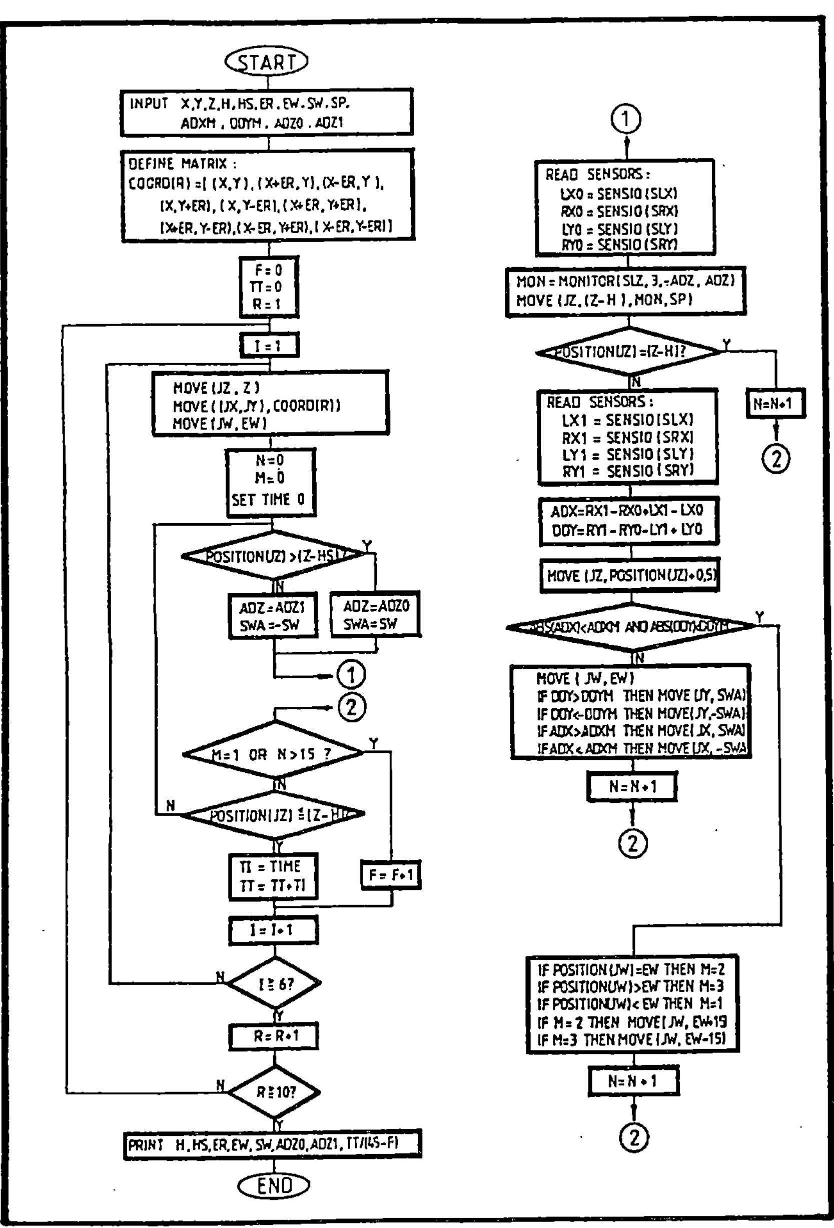

Bild 44. Flußdiagramm des Versuchsprogramms

6.4 Fügeversuche

Bei diesen Versuchen wurde der IBM-Portalroboter, der mit dem
im Abschnitt 6.2 analysierten Kraftsensor ausgerüstet ist, ver-
wendet. Bild 45 zeigt die Versuchsanordnung. In Bild 46 sind die
Versuchsergebnisse dargestellt. Die Versuche wurden bei folgen-
den Bedingungen durchgeführt:
- Fügetiefe : 10 mm
- Schrittweite der Ausgleichbewegung : 0,5 mm
- Länge des freien Kabelendes : 5 mm
- Kenngrößen : ADX = DDY = 0,2 N,   ADZ = 1 N

Die Fügezeiten im Bild 46 sind die Durchschnittwerte von 45 Versuchen. Beim Versuch betrugen die Fügezeiten 1 bis 9 Sekunden
(durchschnittlich 4,8 Sekunden). Dabei waren Positionsabweichungen von 1 mm bis 1,7 mm und Winkelabweichungen von 10 Grad
bis 15 Grad zulässig.

Wegen langsamer Verarbeitung der Sensorsignale relativ zur Fügegeschwindigkeit überschritt die Schaltkraft ADZ häufig den einge-
stellten Wert von 1 N. Sie betrug bis zu 5 N, dadurch wurden die

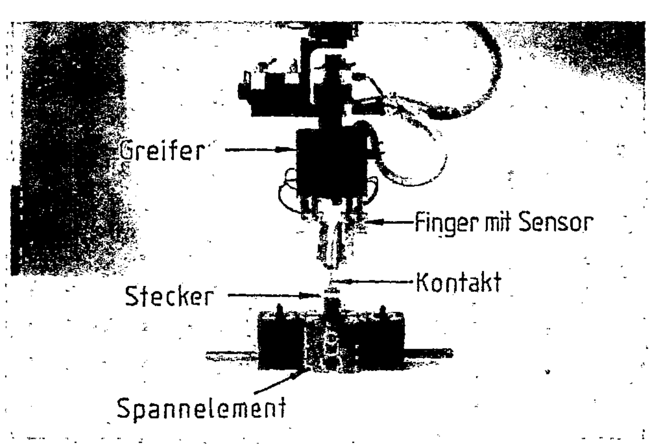

Bild 45. Versuchsanordnuna

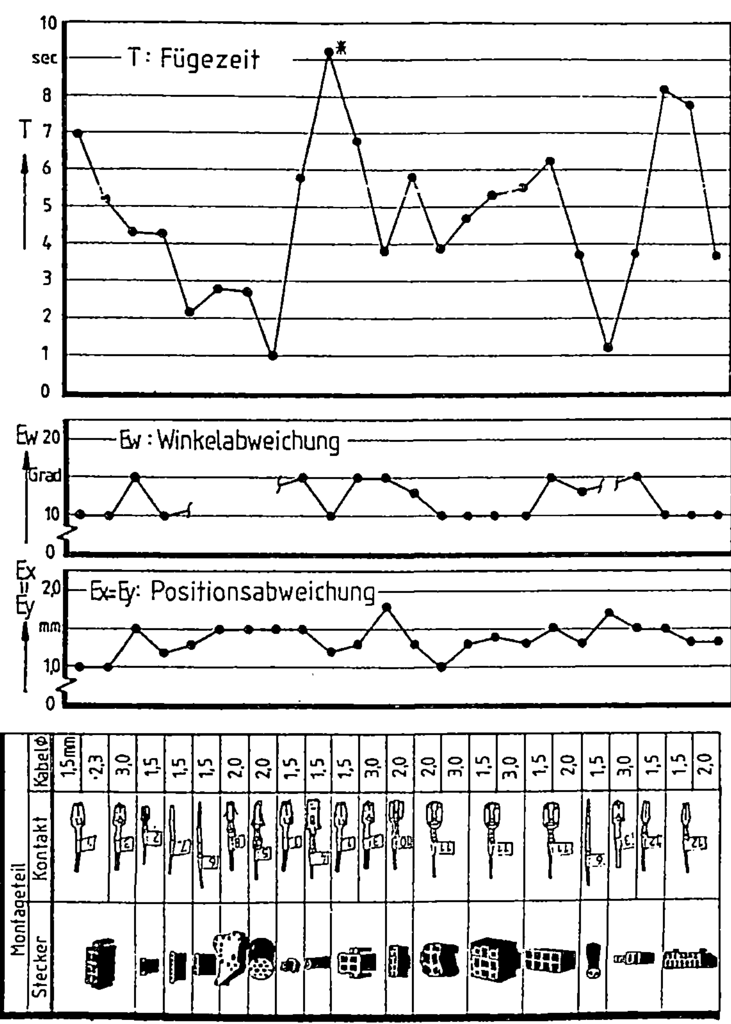

Bild 46. Versuchsergebnisse bei Suchmethode mit taktilem Sensor

dünnen Kabel geknickt. Daher mußte die Fügegeschwindigkeit beim
Fügen der Fügepartner mit einer Kabeldicke von 1,5 mm bis zu 1,5
mm/s reduziert werden.

Gegenüber der Vibrationsmethode beeinflußte hier die Fügepartnergeometrie stark den Fügevorgang. Die meisten Schwierigkeiten entstanden wegen der unregelmäßigen Geometrie der Stirnseiten der
Kontakte wie z.B. Schneidnase des Kontakts, Exzentrizität der
Aktionspunkte der Fügekraft und der Gegenkraft, Existenz eines
labilen Gleichgewichts am Berührpunkt usw.(Bild 47).
Bei diesen Fällen wurden lange Suchzeiten benötigt und gegebenenfalls mußten die Positionsabweichungen innerhalb des maximalen

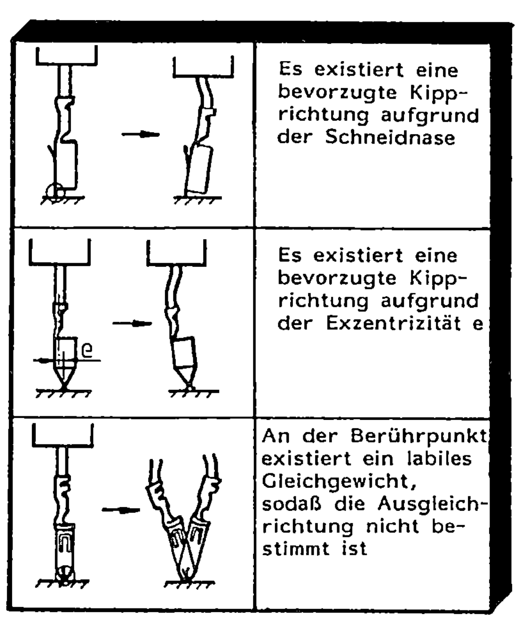

Bild 47.   Schwierigkeiten beim Ausgleich der Abweichungen

Spiels (in Abschnitt 3.2 erläutert) zwischen Kontakt und Loch des Steckers eingestellt werden. Außerdem wurden die Suchzeiten durch die unregelmäßige Geometrie des Lochquerschnitts (z.B. Stecker a, m und p in Bild 5) verlängert.

Beim Berühren des Kontakts an den dünnen Wandflächen zwiscnen dicht gedrängten Löchern (z.B. a,o und p in Bild 5) existierte auch ein labiles Gleichgewicht. Deswegen mußten ebenfalls die Lageabweichungen vermindert werden.

Im allgemeinen wurden zylindrische Kontakte schneller und mit größeren Lageabweichungen gefügt als die anderen.

6.5   Zusammenfassung

In Abschnitt 6 wurde eine Fügemethode mit taktilem Sensor unter-sucht. Durch die Analyse der Fügevorgänge wurden kritische Füge-zustände ermittelt. Das Sensorsystem wurde analysiert und zur Kennzeichnung der Fügezustände wurden drei Kenngrößen erstellt. Neun mögliche Fügezustände wurden mit diesen Kenngrößen gekenn-zeichnet. Aufgrund der gewonnenen Erkenntnisse wurde eine Füge-strategie erstellt und im Versuch erprobt.

Im Versuch betrug die Fügegeschwindigkeit durchschnittlich 2 mm/s, die zulässige Positionsabweichung 1,5 mm und die zulässige Winkelabweichung 10 Grad.

Dabei wurden die Fügevorgänge durch die Fügepartnergeometrie stark beeinflußt. Die meisten Schwierigkeiten wurden durch die folgenden geometrischen Eigenschaften der Fügepartner verursacht.
- geringe Abstände zwischen den Löchern (= dünne Wanddicke)
- Unregelmäßigkeit der Kontaktgeometrie an der Stirnseite
  z.B. Schneidnase des Kontakts, kugelförmige Geometrie,
      Schrägfläche usw.
- Unregelmäßigkeit der Geometrie des Lochquerschnitts
- enge Toleranz zwischen Fügepartnern

- zu kleiner Kabeldurchmesser

Zur vollständigen Realisierung dieser Fügemethode müssen vor allem diese Montagehemmisse durch die montagegerechte Gestaltung der Fügepartner beseitigt werden.

Die montagegerechte Gestaltung sollte wie folgt durchgeführt werden:
- Verminderung der Variantenanzahl
- Vereinfachung der Kontaktgeometrie
  z.B. Zylinder oder Quader
- Ebene Stirnfläche des Kontakts
- Vergrößerung der Lochabstände
- Vereinfachung der Querschnittgeometrie des Loches
  z.B. kreisförmig oder rechteckig
- Anfasen des Loches
- Vergrößerung der Toleranz
- Verwendung dickerer Kabel oder teilweise Verstärkung der
  dünnen Kabelenden
- Vereinheitlichung der Kabeldicke

7 Untersuchung von Positioniermethoden mit Bildverarbeitungssystem

Zum Positionieren der Kontakte in den Löchern der Stecker wird
ein vierachsiger Scararoboter und ein Bildverarbeitungssystem der
Fa. ADEPT,USA verwendet.

7.1 Lageerkennung des Fügeteils

Zur Lageerkennung des Kontakts bewegt sich die Z-Achse (J3 in
Bild 24) des Roboters bis kurz vor ihre obere Hubbegrenzung,
so daß das Fügeteil zwischen Spiegel und Glühlampe positioniert
wird. Die Drehachse J4 des Roboters dreht den Greifer in die
Referenzposition, in der die aus der Sicht der Kamera projizierte
Breite(Schattenbreite) des Kontakts minimal wird, wenn der Kontakt nicht verdreht ist. Die Aufgabe der Lageerkennung des Fügeteils ist die Bestimmung der Orientierung und Position des Kontakts.

7.1.1 Bestimmung der Orientierung

Die Orientierung des Fügeteils ist der Winkel des Fügeteils vom
Referenzpunkt bis zur Stelle, an der die Schattenbreite des Kontakts minimal ist. In Bild 48 ist das Verhältnis der Schattenbreite des Kontakts zum Drehwinkel der Drehachse dargestellt.
Dabei ist der Nullpunkt der Referenzpunkt von der Drehachse.
Im Prinzip wird die Orientierung des Kontakts wie folgt berechnet:

$$Ew = W \ (\text{ bei } dB/dW = 0 \ ) \tag{17}$$

Hierbei ist W der Drehwinkel der Drehachse und B die Schattenbreite des Kontakts.
Im praktischen Fall kann diese Orientierung aber nicht genau bestimmt werden, weil ein unempfindlicher Bereich(2U im Bild 48)
durch das begrenzte Auflösungsvermögen der Kamera Ev entsteht.

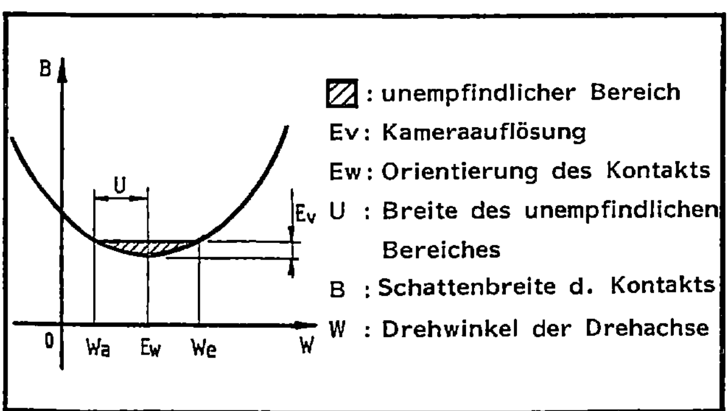

Bild 48. Verhältnis der Schattenbreite des Kontakts zum Drehwinkel

In der Praxis werden die zwei Grenzpunkte des unempfindlichen Bereiches Wa und We bestimmt. Damit errechnet sich die Orientierung des Kontakts wie folgt:

$$Ew = (Wa + We) / 2 \qquad\qquad (18)$$

Zur Bestimmung der Grenzpunkte dreht sich die Drehachse schrittweise von dem Referenzpunkt aus in der Richtung, in der die Schattenbreite vermindert wird. Bei jedem Schritt wird die Schattenbreite mit dem Bildverarbeitungssystem gemessen. Die Grenzpunkte Wa und We sind jeweils der Anfangs- und Endpunkt, zwischen denen die Kamera aufgrund ihres Auflösungsvermögens keine Änderung der Schattenbreite anzeigt.

7.1.2 Bestimmung der Position

Bei diesem Fall sollen die folgenden zwei Arten der Position bestimmt werden:

- Position der Querrichtung   Eb
- Position der Längsrichtung   El

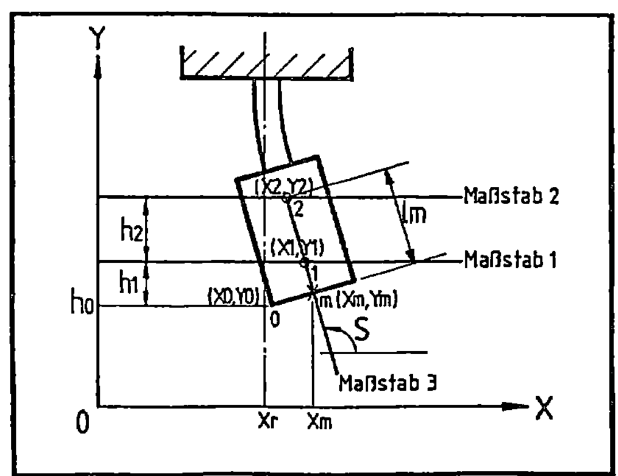

Bild 49.   Berechnungsschema der Kontaktposition

Eb ist die Abweichung des Kontakts an der Stelle, an der die
Schattenbreite des Kontakts minimal ist. Nachdem die Position Eb
bestimmt wurde, dreht sich die Drehachse um 90 Grad. In dieser
Stellung wird die Ausweichung El bestimmt. In Bild 49 ist das
Berechnungsschema der Positionen dargestellt.

Die Bestimmung der Positionen wurde mit Hilfe des visuellen Maßstabs des ADEPT-Bildverarbeitungssystems durchgeführt. Wenn die
Koordinaten des Anfangs- und Endpunkts des zu zeichnenden Maßstabs gegeben sind, wird ein visueller Maßstab auf dem Bildschirm
gezeichnet. Entlang dem Maßstab wird die Helligkeit des Bildes
gemessen. Die Abstände zwischen dem Anfangspunkt und dem Punkt,
an dem sich die Helligkeit ändert, werden gemessen.

Die Bestimmung der Position wurde wie folgt durchgeführt:
  - Drehen der Drehachse bis zur Position, bei der die Schatten-
    breite minimal ist (dies ist die Meßposition der Orientierung)
  - Bestimmen der Y-Koordinate hO von Punkt O durch die Bild-
    verarbeitung
  - Zeichnen der zwei Maßstäbe 1 und 2 mit den je nach der Kon-
    taktgeometrie festgelegten Werten h1 und h2

- Bestimmen der zwei Koordinaten (X1,Y1) und (X2,Y2)
- Bestimmen der Länge lm mit dem Maßstab 3
- Berechnen der Koordinate (Xm,Ym), d.h.;
    $Xm = X2 - lm \cos(S)$, $Ym = Y2 - lm \sin(s)$
- Bestimmen der Position Eb, d.h. $Eb` = Xm - Xr$
  (Xr ist die X-Koordinate der Drehachse des Roboters)
- Bestimmen der Position El nach 90°-Drehung der Drehachse

7.2   Lageerkennung des Lochteils

Mit dem Bildverarbeitungssystem kann die Position und Orientierung des Steckers und die Position des Loches im Kamerakoordinatensystem bestimmt werden.
Wenn ein Objekt wie z.B.Stecker mehrere Löcher mit gleichen Formen enthält, sollen die Positionen der Löcher relativ zum
Flächenschwerpunkt des Objekts bestimmt werden, damit das ein-
zelene Loch gekennzeichnet ist.

Diese relativen Lochpositionen könnten aus dem Datenblatt des
Steckerherstellers ermittelt werden. Bei einer komplizierten
Steckergeometrie ist aber die Berechnung des Flächenschwerpunkts
sehr umständlich. Außerdem sind große Formabweichungen beim
Steckergehäuse vorhanden. Deshalb werden hierbei die relativen
Lochpositionen mit Hilfe des Bildverarbeitungssystems bestimmt.

In Bild 50 ist ein Stecker und ein im Stecker befindliches Loch
im Kamerakoordinatensystem dargestellt. Das XsYs-Koordinaten-
system ist dabei das Steckerkoordinatensystem, bei dem die zwei
Achsen mit den Hauptachsen des Steckers übereinstimmen. Im folgenden sollen die Koordinaten der Löcher im Steckerkoordinatensystem bestimmt werden.

Aufgrund des Bildes werden die Koordinaten des Loches wie folgt
transformiert:
    $Lv - Sv = Tp \; Ls$ oder
    $Ls = Tp^{-1} (Lv - Sv)$ (19)

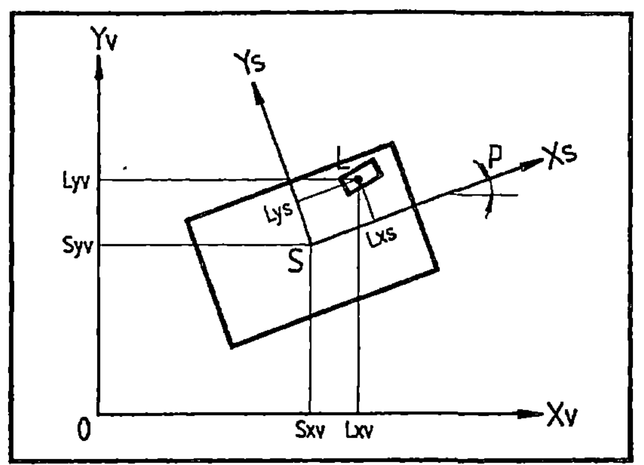

Bild 50. Mathematische Darstellung der Lochposition

d.h.,

$$Lxs = (Lxv-Sxv)\cos(p) + (Lyv-Syv)\sin(p)$$
$$Lys = -(Lxv-Sxv)\sin(p) + (Lyv-Syv)\cos(p) \tag{20}$$

Hierbei sind Ls,Lv und Sv die Spaltenmatrizen der jeweiligen
Koordinaten (Lxs,Lys),(Lxv,Lyv) und (Sxv,Syv). Tp ist eine
Transformationsmatrix, d.h.

$$Tp = \begin{bmatrix} \cos(p) & , & -\sin(p) \\ \sin(p) & , & \cos(p) \end{bmatrix}$$

Lxv, Lyv, Sxv, Syv und p in der Gleichung (20) werden mit Hilfe
der Bildverarbeitung bestimmt. Mit den Werten Lxs und Lys wird
die relative Lage der Lochposition zum Flächenschwerpunkt des
Steckers gekennzeichnet.

7.3 Darstellung der Fügeposition im Koordinatensystem des Industrieroboters

Zur Bestimmung der Fügeposition des Roboters wird zunächst die Lageabweichung des Kontakts und die Lage des Loches wie in Abschnitt 7.1 und 7.2 bestimmt. Um die Kontaktabweichung wird die Lage des Loches verschoben, dadurch wird eine modifizierte(verschobene) Lochposition im Koordinatensystem der Senkrechtkamera (Abkürzung : Kamerakoordinatensystem) bestimmt. Zum Schluß wird die modifizierte Lochposition mit dem Bildverarbeitungssystem in das Roboterkoordinatensystem RKS transformiert. Die modifizierte Lochposition im RKS ist die Fügeposition des Roboters.

Zur Bestimmung der modifizierten Lochposition sind in Bild 51 vier Koordinatensysteme Kamera-(VKS), Stecker-(SKS), Loch-(LKS) und Kontaktkoordinatensystem(KKS) dargestellt. Dabei ist die Lage K die modifizierte Position des Loches L, die Koordinaten (Kxl, Kyl,w) werden mit der im Abschnitt 7.1 bestimmten Kontaktabweichung (El,Eb,Ew) wie folgt bestimmt:

$$Kxl = - El$$
$$Kyl = - Eb \qquad\qquad (21)$$
$$w \;\; = - Ew$$

Von der Gleichung (19) wird die Lochposition Lv im VKS wie folgt berechnet:

$$Lv = Tp \; Ls + Sv \qquad\qquad (22)$$

Mit den Gleichungen (21) und (22) wird die modifizierte Lochposition Kv im VKS wie folgt berechnet:

$$Kv = Tp{+}q \; Kl + Lv$$
$$\;\;\; = Tp{+}q \; Kl + Tp \; Ls + Sv \qquad\qquad (23)$$

oder

$$Kxv = \cos(p{+}q)Kxl-\sin(p{+}q)Kyl+\cos(p)Lxs-\sin(p)Lys+Sxv$$
$$Kyv = \sin(p{+}q)Kxl+\cos(p{+}q)Kyl+\sin(p)Lxs+\cos(p)Lys+Syv \qquad (24)$$

Hierbei sind Kv und Kl die Spaltenmatrizen der Koordinaten (Kxv, Kyv) und (Kxl,Kyl). $Tp{+}q$ ist die Transformationsmatrix,d.h.

$$Tp{+}q = \begin{bmatrix} \cos(p{+}q) & , & -\sin(p{+}q) \\ \sin(p{+}q) & , & \cos(p{+}q) \end{bmatrix}$$

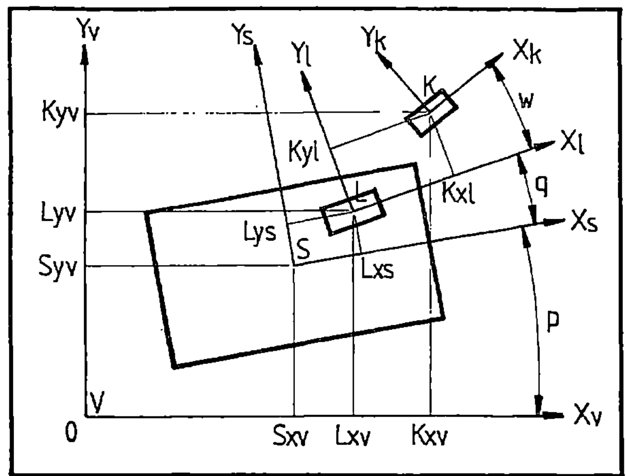

System	Benennung	Abkürz.	Nullpunkt	Achsenrichtung
Xv-Yv	Kamera-Koordinatensystem	VKS	untere linke Ecke des Kamerasystems	–
Xs-Ys	Stecker-Koordinatensystem	SKS	Flächenschwerpunkt d. Steckerquerschnitts	Hauptachsenrichtung d.Steckers
Xl-Yl	Loch-Koordinatensystem	LKS	Mitte d. Lochquerschnitts	Hauptachsenrichtung d. Loches
Xk-Yk	Kontakt-Koordinatensystem	KKS	Mitte d. Kontaktquerschnitts	Hauptachsenrichtung d. Kontakts

Bild 51. Mathematische Darstellung der Fügeposition

Zur Bestimmung der Orientierung Kw des modifizierten Loches werden
alle drei Winkel addiert:

$$Kw = p + q + w \qquad (25)$$

Hierbei wird der Winkel q durch die Geometrie des Lochteils bestimmt.

Anschließend wird diese modifizierte Position und Orientierung
des Loches durch das Bildverarbeitungssystem in das RKS transformiert und diese in das RKS transformierte Lage des modifizierten Loches ist die Fügeposition des Roboters.

7.4 Versuchsaufbau

Bild 52 zeigt die Übersicht über den Versuchsaufbau. In Bild 53
sind die Bestandteile des Versuchsaufbaus und deren Spezifikationen dargestellt.

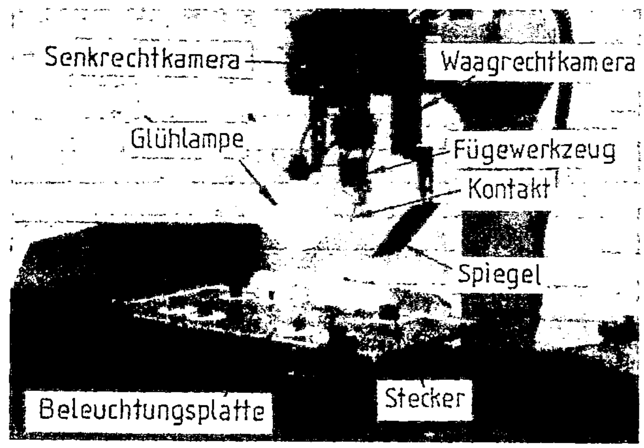

Bild 52.   Übersicht über den Versuchsaufbau

Bestandteil	Spezifikation
Handhabungsgerät	-vierachsiger Scararoboter der Fa. ADEPT mit einer Positioniergenauigkeit von 0,2mm
Bildverarbeitungs-system	-ADEPT-Visionsystem II der Fa. ADEPT -zwei CCD-Kamera mit 256x256 Bildpunkten -Binärbildverarbeitung mit einer Auflösung von ca. 0,5 mm
Beleuchtung für Waagrechtkamera	-Glühlampe mit einem Durchmesser von 120mm, deren Helligkeit durch Dimmer eingestellt werden kann
Beleuchtung für Senkrechtkamera	-Acrylplatte :700x360x10 mm -Steckerfixierstifte : Ø2 mm -beschichtete Flächen : Ø80 mm -Leuchtstofflampe : Ø40mm x 600 mm

Bild 53.   Spezifikation des Versuchsaufbaus

7.5 Versuchsergebnisse

7.5.1 Erprobung der Beleuchtungsverfahren

Bei diesen Versuchen waren die Beleuchtungsflächen, die sich als
Hintergrund der Objekte auswirken , kleiner als das Sichtfeld
der Kameras. Dieses Problem wurde aber durch die Verkleinerung
des Sichtfeldes beseitigt. Durch diese Verkleinerung wurde
außerdem ein positiver Nebeneffekt, die Verkürzung der Bildverarbeitungszeit, gewonnen.

Bei diesen Versuchen wurden die Bilder unabhängig von Fremdlicht
mit einem gleichen Schwellwert verarbeitet. Die Abbildungen der
Stecker und Kontakte sind in Bild 54 und 55 dargestellt.

7.5.2 Lageerkennung der Montageteile

Beim Bestimmen der Orientierung des Kontakts wurde die Breite des
Kontakts mit dem Maßstab 2 gemessen (Bild 49). Bei diesen Ver-

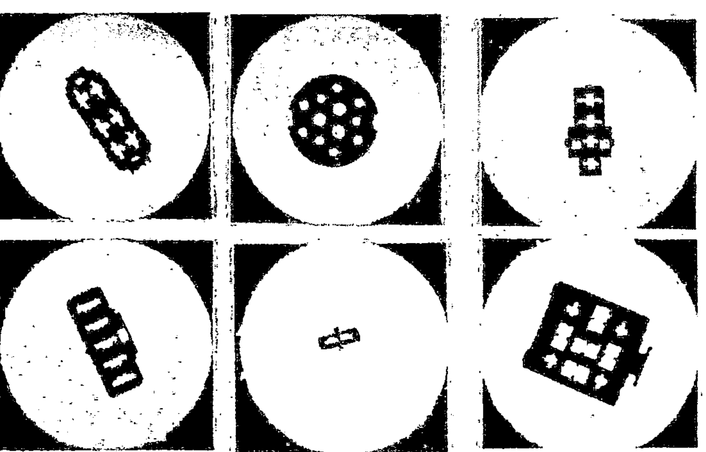

Bild 54.   Erprobung der Beleuchtungsplatte

suchen mußte der Abstand des Maßstabs von der X-Achse je nach
den Formen der Kontakte unterschiedlich eingestellt werden. Für
eine sichere Bildaufnahme wurden die Kontakte beim Bestimmen der
Orientierung schrittweise (3 Grad beim Versuch) gedreht.
In Bild 55 ist das Lageerkennungsschema der Kontakte gezeigt.

Bild 55a zeigt den Ausgangszustand und Bild 55b zeigt die Position, bei der die Schattenbreite minimal ist. In Bild 55c ist der
Kontakt um 90 Grad gegen die Position in Bild 55b gedreht.
Beim Bild 55b wurde die Querrichtungsposition Eb und beim Bild
55c die Längsrichtungsposition El gemessen. Bei diesen Bildern
ist der horizontale Abstand zwischen der vertikalen Geraden und
dem Kreuzzeichen die zu messende Abweichung des Kontakts.
In Bild 55d ist das Schema zur Bestimmung der Position des Kon-

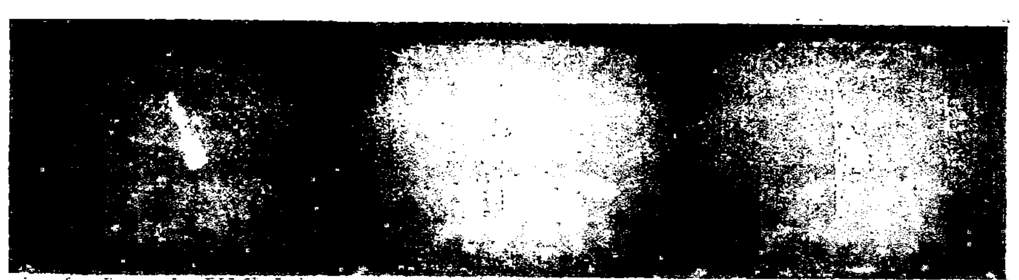

(a) Ausgangszustand   (b) Stellung d.min.Breite   (c) nach 90°-Drehung

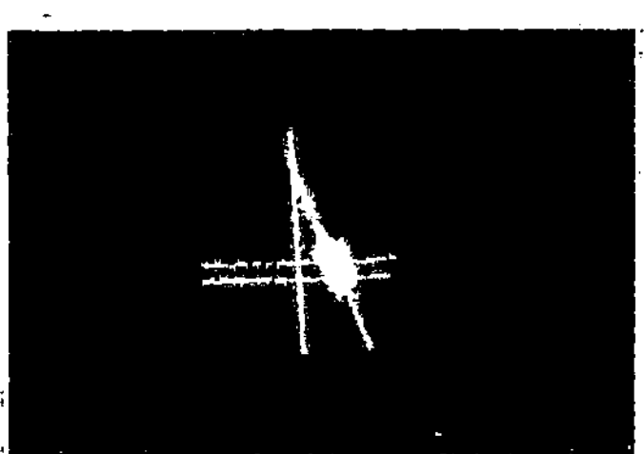

(d) Bestimmungsschema d. Position

Bild 55.   Lageerkennung des Fügeteils

takts dargestellt. Beim Versuch wurden zwei waagrechte Maßstäbe
je nach der Geometrie der Kontakte unterschiedlich eingestellt.
In Bild 56 sind mögliche Maßstabeinstellungen dargestellt.
Beim Versuch war die Positionsmessung unmöglich, wenn die Kontakte zu groß ausgelenkt waren (Fall III) oder die Kontaktbreiten
quer zur Längsrichtung des Kontakts variierten (Fall IV).
Außerdem entstanden schwerwiegende Positionierfehler, wenn die
Maßstäbe wie in Fall II falsch eingestellt wurden. Wenn der
Widerhaken (siehe Bild 56) relativ lang zum Kontaktkörper war
(z.B. Kontakte 1, 8, 11 usw. in Bild 4), war die Maßstabeinstel-
lung sehr umständlich und häufig entstanden Positionierfehler.

Bild 57 zeigt die Versuchsergebnisse bei der Lageerkennung der
Kontakte. Beim Bestimmen der Orientierung nahm mit zunehmender
Schrittgröße der Drehbewegung des Roboters die Meßabweichung zu
und die Meßzeit ab. Die Meßzeiten wurden außerdem durch den Ausgangszustand (Verdrehungsgröße und -richtung) des Kontakts stark
beeinflußt. Beim Versuch wurde ein Drehungsschritt mit 3 Grad
gewählt.

	mögliche Zustände	Merkmale
I	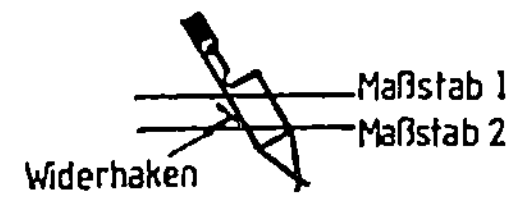 Maßstab 1 / Maßstab 2 / Widerhaken	Maßstäbe gut eingestellt
II	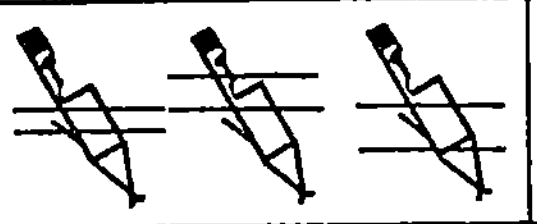	Maßstäbe falsch eingestellt
III	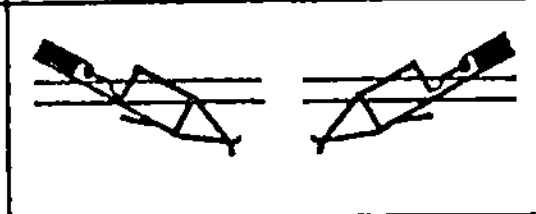	Positionsmessung unmöglich wegen zu großer Auslenkung
IV	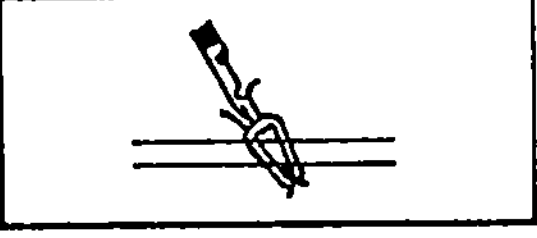	Positionsmessung unmöglich weil die Breite des Kontakts quer zur Längsrichtung variiert

Bild 56.   mögliche Zustände der Maßstabeinstellungen

Kontakt	Positionsabweichung	Winkelabweichung	Lageerkennungszeit	Merkmale
	10 - 20 mm zulässig bei einer Kabellänge von 10 mm je nach der Kontaktlänge und den Verformungszuständender Kabel	60°	2 - 4 Sekunden je nach den Ausgangszuständen	umständliche Maßstabeinstellung
		50°		niedrige Meßgenauigkeit (zu klein)
		-		Lageerkennung unmöglich
		80°		-
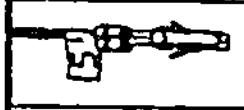		rund		-
				-
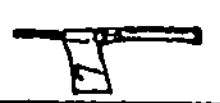				-
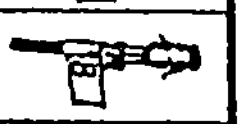				umständliche Maßstabeinstellung
		60°		-
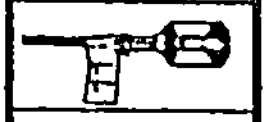		60°		-
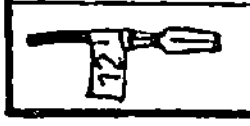		45°		umständliche Maßstabeinstellung

Bild 57. Versuchsergebnisse bei der Lageerkennung der Kontakte

Die zulässigen Positionsabweichungen wurden durch drei Faktoren freie Kabellänge, Kontaktlänge und Verformungszustand des Kabels beeinflußt. Bei einer freien Kabellänge von 10 mm waren Positionsabweichungen, je nach der Kontaktlänge und dem Verformungszustand des Kabels, von 10 mm bis 20 mm zulässig. Die zulässigen Winkelabweichungen wurden durch das Verhältnis der Breite zur Länge des Kontaktquerschnitts beeinflußt. Es waren 45 Grad bis 80 Grad zulässig. Die Lageerkennungszeit war je nach den Ausgangszuständen der Kontakte 2 bis 4 Sekunden.

In Bild 58 ist das Lageerkennungsschema der Stecker gezeigt. In Bild 58a sind die Positionen des Flächenschwerpunkts (Kreuzzeichen) und die Hauptachse des Steckers dargestellt. Die Referenz-

linie (Waagrechtlinie) ist dabei parallel zur X-Achse des Kamera-
systems. In Bild 58b sind die Positionen der Löcher nummeriert.
Die linken unteren Ecken jeder Nummer sind dabei die Positionen
der entsprechenden Löcher. Beim Versuch wurden Meßzeiten unabhängig von den Steckergeometrien weniger als 1 Sekunde benötigt.

(a) Lage des Steckers   (b) Lagen der Löcher

Bild 58.   Lageerkennung des Lochteils

7.5.3   Positionierversuche

Bei diesen Versuchen wurde das Positionieren des Kontakts auf dem
Loch des Steckers wie folgt dreistufig durchgeführt:
   - Lageerkennung des Kontakts
   - Lageerkennung des Steckers
   - Positionieren
Bei jedem Positioniervorgang können verschiedene Arten von Feh-
lern entstehen. In Bild 59 werden die möglichen Fehler dar-
gestellt.   Dabei sind ca. 70 % des Gesamtfehlers der Anteil der
Auflösung der beiden Bildverarbeitungssysteme.

Dieser Bildverarbeitungsfehler kann durch die Verwendung eines
Bildverarbeitungssystems mit einem größeren Auflösungsvermögen
erheblich reduziert werden. Es muß aber beachtet werden, daß die
Bildverarbeitungszeit mit einer zunehmenden Anzahl der Bildpunkte
zunimmt.

Vorgänge	Fehlerarten	Fehlergröße(mm)
Lageerkennung des Fügeteils	Kameraauflösung	0,5*
	Orientationsmeßfehler	4°(0,2 mm**)
Lageerkennung des Lochteils	Kameraauflösung	0,5*
	Parallaxeffekt	ignorierbar
Positionieren	Positioniergenauig- keit des Roboters	0,2*
max. möglicher Fehler		1,4

* Angabe   der Fa. ADEPT
** 3mm Breite x 4° x 3.14/180 = 0,2 mm

Bild 59.   Analyse der Positionierfehler

Beim Versuch entstanden Positionierabweichungen bis zu 1 mm und
Winkelabweichungen bis zu 3 Grad. Die Positionierzeiten betrugen
je nach den Verformungszuständen der Kontakte 3 bis 5 Sekunden.
Bei dieser Methode kann aber die Lageerkennung der Kontakte
während der Bewegung des Roboters zum Fügeort durchgeführt werden, damit kann die Gesamtvorgabezeit stark vermindert werden.

7.6   Zusammenfassung

Zur Lageerkennung der Fügepartner wurde ein Bildverarbeitungssystem in Abschnitt 4.4 konzipiert. In Abschnitt 7 wurden die
Lagen der Fügepartner bestimmt, damit wurde die modifizierte
Lochposition im Kamerakoordinatensystem berechnet. Aus der modifizierten Lochposition wurde die Fügeposition des Roboters bestimmt. Im Versuch wurden Beleuchtungs- und Lageerkennungsver-
fahren erprobt.

Mit dem entwickelten Beleuchtungsverfahren konnten die Bilder

der Fügepartner unabhängig von Fremdlicht mit einem gleichen
Schwellwert verarbeitet werden. Die Positionierzeiten betrugen
je nach den Verformungszuständen der Kontakte 3 bis 5 Sekunden.
Mit diesem Versuchsaufbau kann die Lageerkennung der Kontakte
während der Bewegung des Roboters zum Fügeort durchgeführt werden,
dadurch kann die Gesamtvorgabezeit stark vermindert werden.
Die Besonderheit dieser Methode sind die großen zulässigen Abweichungen (Positionsabweichungen von 10 bis 20 mm bei einer
freien Kabellänge von 10 mm und Winkelabweichungen von 45 bis 60
Grad).

Im Versuch wurde aber die Lageerkennung der Kontakte durch die
Kontaktgeometrie stark beeinflußt. Wenn die Querschnittgeometrie
des Kontakts entlang der Längsrichtung des Kontakts variiert oder
wenn der Widerhaken (Bild 56) relativ lang zum Kontaktkörper ist,
war die Lageerkennung des Kontakts unmöglich oder sehr umständlich. Wegen des niedrigen Auflösungsvermögens der Kamera entstanden große Meßabweichungen beim Messen der Kontaktorientierung,
wenn das Längen-Breitenverhältnis eines kleinen Kontaktquerschnitts ungefähr 1 ist oder wenn die Abmessungen der Kontakte
sehr klein sind.

Zur praxisreifen Realisierung der Fügeautomatisierung mit diesem
Bildverarbeitungssystem sollten die Fügeteile wie folgt gestaltet
werden:
- Verminderung der Variantenanzahl
- Vereinfachung der Kontaktgeometrie
  z.B. Zylinder oder Quader
- Anbringung des Widerhakens am oberen Ende des Kontakts
- Vergrößerung des Längen-Breitenverhältnisses des
  Kontaktquerschnitts
- Vergrößerung der Kontaktabmessungen
Zur genaueren Bildverarbeitung sollte außerdem das Auflösungs-
vermögen der Kamera verbessert werden.

8   Vergleich der Fügemethoden und Ausblick

8.1   Vergleich der Fügemethoden

Es wurden die folgenden drei Fügemethoden zum Fügen der Kontakte
entwickelt und erprobt:
- Vibrationsmethode
- Fügemethode mit taktilem Sensor
- Fügemethode mit Bildverarbeitungssystem
In Bild 60 sind drei Fügemethoden vergleichend gegenübergestellt.
Im Bezug auf die drei wichtigsten Bewertungskriterien sind ihre
Anwendungsgrenzen in Bild 61 dargestellt.

Die Fügemethode mit taktilem Sensor ist von verschiedenen Ge-
sichtpunkten aus gegenüber den anderen zwei Methoden nachteilig.
Ihre schwerwiegenden Nachteile sind die sehr kleinen zulässigen
Abweichungen und die sehr langen Suchzeiten. Wegen der unregel-

Fügemethode / Kriterien	Vibrationsmethode	Fügemethode mit taktilem Sensor	Fügemethode mit Bildsensor
Anlagekosten ohne Roboter	DM 3.000,-	DM 10.000,-	DM 100.000,-
Fügezeit	1 s	5 s	3 s
zul. Positions- abweichung	4 mm	1,5 mm	15 mm**
zul. Winkel- abweichung	20°	10°	60°
Schwerpunkte beim Fügen	keine	-umständliche Sen- sorprogrammierung -schwierig festzu- stellende Ausgleich- richtung aufgrund der unregelmäßigen Kontaktformen	-komplizierter Kamera- und Beleuchtungs- aufbau -umständliche Sen- sorprogrammierung

* Alle Angaben sind durchschnittliche Werte
** bei einer freien Kabellänge von 10 mm

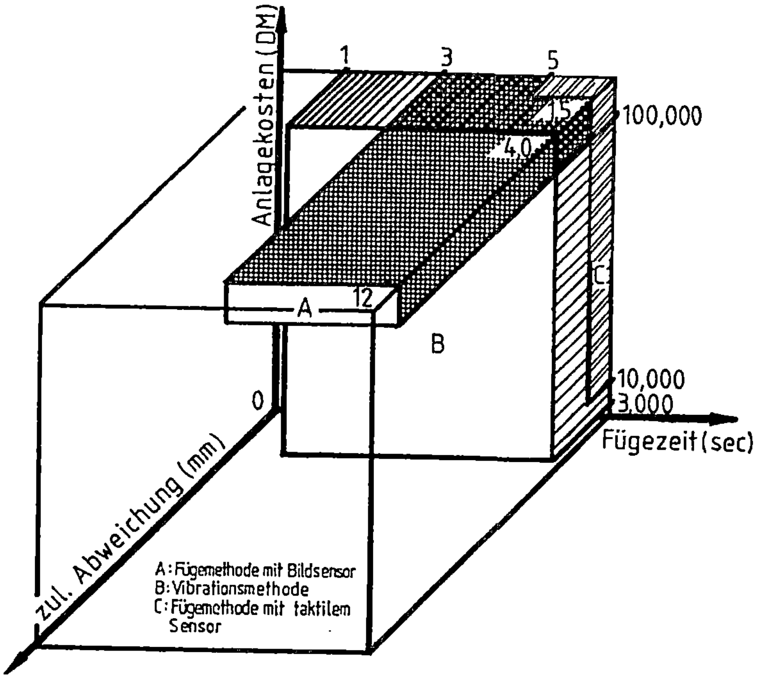

Bild 61.   Anwendungsgrenzen der Fügemethoden

mäßigen Kontaktgeometrien ist es außerdem sehr umständlich, eine
zuverlässige Suchstrategie zu erstellen.

Demgegenüber ist die Vibrationsmethode zum Fügen von nachgiebigen
Fügeteilen sehr gut geeignet. Günstige Anlagekosten, kurze Füge-
zeit, hohe Einsatzflexibilität und gute Zugänglichkeit zum
Fügeort sind die Vorteile bei der Vibrationsmethode. Der einzige
Nachteil ist die relativ kleine zulässige Abweichung.

Bei der Fügemethode mit Bildverarbeitungssystemen sind sehr große
Lageabweichungen zulässig. Dabei werden aber die Fügevorgänge
durch die Kontaktgeometrie stark beeinflußt. Außerdem sind sehr
hohe Anlagekosten und relativ lange Fügezeiten nachteilig.

In Bild 62 sind die Fügeleistungen der drei Fügemethoden beim
Fügen der Kontakte vergleichend gegenübergestellt. Beim Fügesystem mit einer Vibrationsunterstützung werden die Fügepartner
unabhängig von ihren Geometrien gut gefügt. Im Vergleich zur
Vibrationsmethode wird die Fügemethode mit einem Bildverarbei-
tungssystem bei mehreren Fügepartnern schlechter beurteilt, während die Fügemethode mit taktilem Sensor bei allen Fügepartnern
im Vergleich zur Vibrationsmethode von Nachteil ist.
Wie in Bild 62 gezeigt, werden die Kontakte mit zylindrischer
Geometrie oder mit relativ gut definierbarer Geometrie (z.B.
Kontakte 9 und 10 in Bild 4) im allgemeinen problemlos gefügt.
Im Fügeversuch wurden die Schwierigkeiten hauptsächlich durch
die Unregelmäßigkeit der Fügepartnergeometrie verursacht.
Im Vergleich zu anderen Methoden wurde die Vibrationsmethode
durch diese Schwierigkeiten weniger beeinflußt.

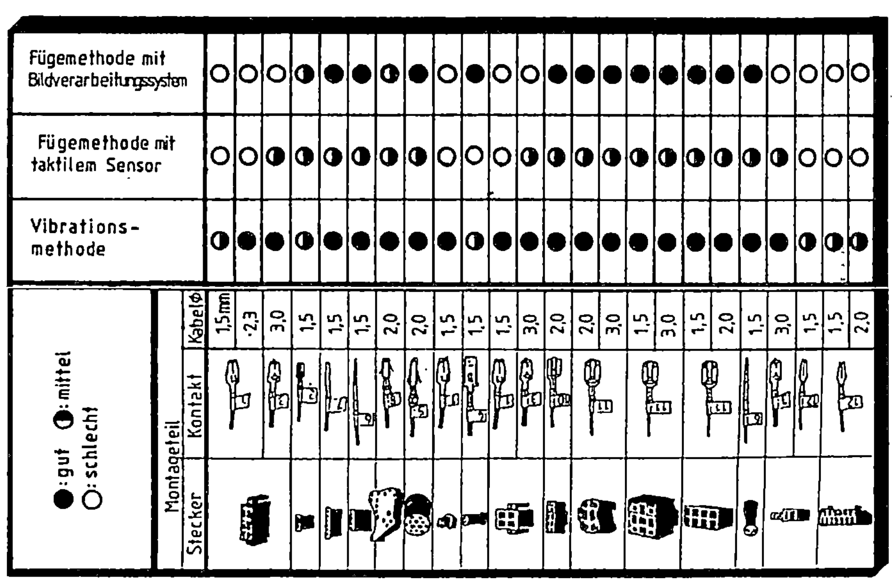

Bild 62. Fügeleistungen der Fügemethoden beim Fügen der Kontakte

8.2   Ausblick

Im Abschnitt 8.1 wurde die Vibrationsmethode zum Fügen der Kontakte als am besten geeignet beurteilt. Zur praktischen Anwendung sind jedoch ihre zulässige Abweichungen von 4 mm und 20 Grad hinsichtlich hoher Nachgiebigkeit des Kabels nicht groß genug. Dieser Schwachpunkt der Vibrationsmethode kann durch die Unterstützung eines Bildverarbeitungssystems vervollständigt werden. Bei der Anwendung, bei der eine Positionsabweichung von mehr als 4 mm und eine Winkelabweichung von mehr als 20 Grad zu erwarten ist, kann ein praxisreifes Fügesystem mit einem Bildverarbeitungssystem und einem vibrierenden Fügewerkzeug wie in Bild 63 konzipiert werden.

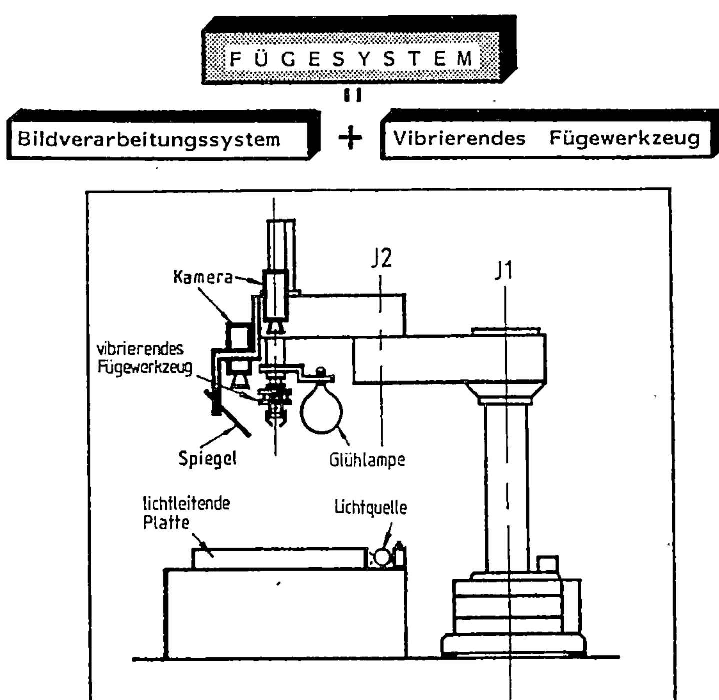

Bild 63.   Fügesystem mit einem Bildverarbeitungssystem und einem vibrierenden Fügewerkzeug

Zur genaueren Bildverarbeitung sollte außerdem eine Kamera, deren Auflösungsvermögen innerhalb der Positioniergenauigkeit des eingesetzten Roboters liegt, verwendet werden.

Zur vollständigen Realisierung der Fügeautomatisierung mit Industrieroboter sollen außerdem die Montageteile montagegerecht gestaltet werden. Bei der Automatisierung des Fügevorgangs beim in Bild 63 dargestellten System wirken sich folgende geometrischen Eigenschaften der Fügepartner als Automatisierungshemmnisse aus:
- Scharfkantigkeit der Kontakte
- Unregelmäßigkeit der Kontaktgeometrie
- zu kleine Abmessungen der Kontakte
- geringe Abstände zwischen Löchern
- zu kleine Kabeldurchmesser
- Vielfältigkeit der Kontaktgeometrie
- Vielfältigkeit der Kabeldicke

Wenn das Längen-Breitenverhältnis des Kontaktquerschnitts ungefähr 1 ist, können außerdem Meßabweichungen beim Messen der Kontaktorientierung entstehen.

Zur praxisreifen Montageautomatisierung sollen deshalb die Kontakte und die Stecker wie folgt gestaltet werden:
- Verminderung der Variantenanzahl
- Vereinfachung der Kontaktgeometrie
  z.B. Zylinder oder Quader
- Verrundung der scharfen Kanten
- Vergrößerung der Lochabstände
- Anfasen der Löcher
- Vermeiden von zu kleinen Kontaktabmessungen
- Verwendung dickerer Kabel oder teilweise Verstärkung der
  dünnen Kabelenden

In Bild 64 ist die Richtlinie zur montagegerechten Gestaltung der Montageteile dargestellt.

MONTAGEGERECHTE GESTALTUNG		
	Gegenwärtige	Zukünftige
Kontakte	-vielfältige Variantenanzahl -scharfe Kante -komplizierte Geometrie -zu kleine Abmessung	-geringe Variantenanzahl -verrundete Kante -einfache Geometrie z.B. Zylinder oder Quader -möglichst große Abmessung
Kontakte	z.B. 1, 2, 3, 4, 8, 11 in Bild 4	z.B. 5, 6, 7, 9, 10 in Bild 4
Stecker	-geringe Lochabstände -Löcher ohne Fasen -komplizierte Geometrie der Löcher	-große Lochabstände -Anfasen der Löcher -Vereinfachung der Lochgeometrie
Stecker	z.B. a, b, h, n, o, p in Bild 5	z.B. c, d, e, f, g, i, j, k, l, m in Bild 5
Sonstige	-dünne Kabel z.B. 1.5 mmØ -vielfältige Kabeldicke -enge Toleranz	-dicke Kabel oder Ver- stärkung der Kabelenden -einheitliche Kabeldicke -möglichst große Toleranz

Bild 64. Montagegerechte Gestaltung von Kontakt und Stecker

Die Kabelbaummontage ist durch ein sehr geringes Automatisie-
rungsniveau mit einen großen Anteil manueller Arbeit gekennzeichnet. Bei der Automatisierung der Kabelbaummontage ist das Fügen
der Kontakte in die Löcher der Stecker wegen der Nachgiebigkeit
des Kabels und der Unregelmäßigkeit der Kontaktgeometrien besonders schwierig.

In der vorliegenden Arbeit wurden die wichtigsten fügetechnischen
Automatisierungsprobleme beim Fügen von Kontakten aufgezeigt.
Nach der systematischen Analyse von Alternativen zur Lösung der
Probleme wurden drei Fügeverfahren Vibrationsmethode und Fügemethoden mit taktilem Sensor und Bildverarbeitungssystem untersucht. Die entwickelten Fügeverfahren wurden in Versuchen erprobt und beurteilt. Anschließend wurden die Anwendungsmöglich-
keiten der drei Methoden ermittelt.

Trotz ihrer hohen Anlagenkosten sollte die Fügemethode mit Bildverarbeitungssystem bei großen Lageabweichungen verwendet
werden. Bei relativ kleinen Lageabweichungen können die biegeschlaffen, unregelmäßig geformten Montageteile mit Hilfe der
Vibrationsmethode sehr preisgünstig und schnell gefügt werden.
Der Anwendungsbereich der Fügemethode mit taktilem Sensor ist
wegen ihrer kleinen zulässigen Abweichungen und langen Suchzeit
stark beschränkt.

Im Versuch wurden die zylindrischen Fügeteile problemlos gefügt,
während Schwierigkeiten beim Fügen von scharfkantigen, unregelmäßig geformten Kontakten auftraten. Beim Versuch mit Vibrationsunterstützung gab es diese Schwierigkeiten nicht.

Zur vollständigen Realisierung der Fügeautomatisierung mit Industrieroboter soll ein Fügesystem mit einem Bildverarbeitungssystem und einem vibrierenden Fügewerkzeug ausgerüstet werden.
Die Fügefähigkeit des Systems kann noch verbessert werden, wenn

die Kontakte mit unregelmäßiger Geometrie in relativ gut definierbarer Geometrie (z.B. zylindrisch) neu gestaltet werden und
wenn die Löcher der Stecker geräumig angeordnet und mit Fasen
versehen werden.

10   Literaturverzeichnis

/1/   Walther,J. : Montage großvolumiger Produkte mit Industrie-
       robotern. Stuttgart, Universität, Fertigungstechnik, 1985.

/2/   Abele,E. u.a. : Studie zur Untersuchung der Einsatzmöglich-
       keiten von flexibel automatisierten Montagesystemen in der
       industriellen Produktion. Düsseldorf: VDI-Verlag, 1984.

/3/   Willis,F.F. : A robotic wire harnessing system. Assembly Au-
       tomation. Feb., 1983.

/4/   Wolf,E. : Portalroboter zum Montieren von Kabelbäumen. wt-z.
       ind. Fertig. 74. Nr.9. 1984.

/5/   Siemens AG : Verfahren zum maschinellen Verlegen von Schal-
       tungsdrähten in einem Kontaktstiftfeld. Deutsches Patentamt,
       Auslegeschrift 2113195, 1978.

/6/   Scholten, R. : Der Drahtzieher heißt Puma. Roboter. 3/84.1984

/7/   Egorenkov,A.P. u.a. : Einrichtung zur Montage eines Drahtes
       auf einer Platte. Deutsches Patentamt, Offenlegungsschrift
       DZ 3126109AI, 1983.

/8/   International Business Machines Corp. : Vorrichtung zum
       selbsttätigen paarweisen Verlöten von Drähten auf Kontakt-
       positionen von Schaltungskarten und ähnlichen Trägern von
       Schaltungen. Deutsches Patentamt, Patentschrift 2533609,
       1979.

/9/   MBB GmbH : Montagevorrichtung zur Fertigung von Kabelbäumen.
       Deutsches Patentamt, Offenlegungsschrift DZ 2939360 C2,
       1982.

/10/   Western Electric Co. : Verfahren und Vorrichtung zum Ver-

legen von Adern. Deutsches Patentamt, Offenlegungsschrift
2502112, 1975.

/11/ VEB Elektromat : Kabelformlegemaschine mit einem über einer
Legeplatte angeordneten Arbeitskopf. Deutsches Patentamt,
Patentschrift 1590936, 1976.

/12/ Arthur,F. : Roboter übernehmen Arbeiten in der Feinwerk-
technik-Automatisierung bei der Kabelbaum-Herstellung.
Sonderdruck von Fa. Unimation, 1981.

/13/ Nippon Acchakutanshi Seizo. : Vorrichtung zur Herstellung
elektrischer Kabelbäume. Deutsches Patentamt, Offenlegungsschrift DZ 3227266 A1, 1983.

/14/ Nippon Acchakutanshi Seizo. : Vorrichtung zur Herstellung
elektrischer Kabelbäume. Deutsches Patentamt, Offenlegungsschrift DZ 3223086 A1, 1983.

/15/ Yazaki Corp. : Verfahren und Vorrichtung zum Herstellen eines Kabelbaums. Deutsches Patentamt, Patentschrift DE
2649534 C2, 1982.

/16/ Yazaki Corp. : Verfahren und Vorrichtung zum Herstellen eines Kabelbaums. Deutsches Patentamt, Offenlegungsschrift DZ
3143717 A1, 1982.

/17/ Whitney,D.E. und Nevins,J.L. : What is the RCC and What can
it do ?. Proc. 9th ISIR. 1979.

/18/ Whitney,D.E. u.a. : Short-term and long-term robot feedback. final report in period 1985-1986, The Charles Stark
Draper Lab., 1986.

/19/ Haaf,D. : Sensorgeführte Industrieroboter mit nachgiebiger
Aufhängung. Maschinenmarkt 85. 1979.

/20/ Haaf,D. : Greifersystem mit taktilen Sensoren zum Fügen
      mit Industrierobotern. Verbindungstechnik. 13. 1981.

/21/ Volmer,J. u.a. : Positionierung von Montagegreifern und
      Werkzeugen durch Industrieroboter. Fertigungstechnik und
      Betrieb. Berlin 32. 1982.

/22/ McCallion,H. u.a. : A compliance device for inserting a peg
      in a hole. The industrial Robot. 1979.

/23/ Fakri,A. u.a. : Passive compliance wrist with two rotation
      centers for assembly robot (DCR-LAI device). 5th Int. Conf.
      on Assembly Automation. 1984.

/24/ Caillot,F. und Kerlidou,M. : Air stream compliance. 5th
      Int. Conf. on Assembly Automation. 1984.

/25/ Ganovski,V.S. u.a. : Some possibilities on increasing the
      industrial robot application in automatic assembly. 1st
      Int. Conf. on Assembly Automation. 1980.

/26/ Mashinostroeniya,V. : Vaccum method of automatic assembly.
      Russian Engineering Journal. Vol. 57. 1977. Issue 1.

/27/ Yakhimovich,V.A. u.a. : Automatic assembly of components by
      the jet method. Russian Engineering Journal. Vol. 50. 1970.
      No. 6.

/28/ Jacobi,P. : Fügemechanismen für die automatisierte Montage
      mit Industrierobotern. Maschinenbau-Bauelemente. TH Karl-
      Marx-Stadt. 1982.

/29/ Goto,T. u.a. : Precise insert operation by tactile con-
      trolled robot HI-T-HAND Expert 2. Proc. 4th ISIR. 1974.

/30/ Goto,T. u.a. : Precise insert operation by tactile con-
      trolled Robot. The industrial Robot. 1980.

/31/ Cho,H.S. u.a. : Active force feedback control for assembly processes using a flexible and sensible robot wrist. 8th Int. Conf. on Production Research. 1985.

/32/ Schweizer,M. : Sensoren für programmgesteuerte Handhabungsgeräte. Fördern und Heben. 27. 1977.

/33/ Mitchell,E.E. und Varanish,J. : Magnetoelastic force feedback sensors for robots and machine tools - an update. Proc. of 5th Int. Conf. on RoViSec. 1985.

/34/ Pruski,A. : Carbon fibre tactile Sensor in assembly. Proc. of 5th Int. Conf. on RoViSec. 1985.

/35/ Purbrick,J.A. : A force transducer employing conductive Silicone Rubber. 1st Int. Conf. on RoViSec. 1981.

/36/ Abele,E. : Adeptive controls for fetting of castings with IR. Proc. of 1st Int. Conf. on RoViSec. 1981.

/37/ Schneiter,J.L. und Sheridan,T.B. : An optical tactile sensor for manipulators. Robotics & Computer-Integrated Manufacturing . Vol. 1. 1984. No.1.

/38/ Darino,P. u.a. : Touch sensitive polimer skin uses piezoelectric properties to recognise orientation of objects. Sensor Review. 1982.

/39/ Vranisch,J.M. : Magnetoresistive skin for robots. 4th Int. Conf. on RoViSec. 1984.

/40/ Tanie,K. u.a. : A high resolution tactile sensor. 4th Int. Conf. on RoViSec. 1984.

/41/ Mott,D.H. u.a. : An experimental very high resolution tactile sensor array. 4th Int. Conf. on RoViSec. 1984.

/42/ Hanafusa,H. und Asada,H. : Position searching by robot hand
     with pneumatic sensors. Trans. of the Instrument and Control
     Engineers. 1975.

/43/ Hanafusa,H. und Asada,H. : An adeptive control of robot hand
     equipped with pneumatic proximity sensors. 6th Int. Conf. on
     ISIR. 1976.

/44/ N.N. : Automatic assembly of prismatic components. Masch-
     nenbau und Fertigungstechnik der UdSSR. 9. 1970. Folge 91.

/45/ Uno,T. : An industrial eye that recogneizes hole positions
     in a water pump testing process. in 'Computer Vision and
     Sensor-based Robots', Plenum Press,NY, 1979.

/46/ Takeyasu,K. : An approach to the integral intelligent robot
     with multiple sensory feedback. Proc. of 7th ISIR. 1977.

/47/ Mundy,J.L. und Joynson,R.E. : Automatic visual inspection
     using syntactic analysis. Proc. of IEEE Conf. Pat. Recog.
     and Image Processing. 1977.

/48/ Daneshment,L.K. und Pak,H.A. : Performance monitering of a
     computer nummerically controlled(CNC) lathe using pattern
     recognition techniques. 3rd Int. Conf. on RoViSec. 1983.

/49/ Shirai,Y. und Tsuji,S. : Extraction of the line drawing of
     three-dimensional objects by sequential illumination from
     several directions. Pattern Recognition. Vol.4. 1972.

/50/ Saraga,P. und Jones,B.M. : Parallel projection optics in
     simple assembly. 1st Int. Conf. on RoViSec. 1981.

/51/ Melchior,K. : Einführung, Problemstellung und Entwicklung-
     stendenzen. VDI-Seminar 'Automatisieren der Sichtprüfung'.
     IPA,Stuttgart, 1985.

/52/ Holland,S.W. u.a. : CONSIGHT-1: A vision-controlled robot
     system for transferring parts from belt conveyors. in
     Computer Vision and Sensor-based Robots. Plenum Press,NY,
     1979.

/53/ Schroeder,H.E. : Practical illumination concept and techni-
     que for machine vision applications. Robot 8. 1984.

/54/ Mills,R. und Pitchford,N. : Development of a linescan camera
     for 2-D high accuracy measurement. 5th Int. Conf. on RoVi-
     Sec. 1985.

/55/ Andre,G. : A multiproximity sensor system for the guidance
     of robot end effectors. 5th Int. Conf. on RoViSec. 1985.

/56/ Merlet,J.P. und Yoshikama,T. : An advanced robotic assembly
     station using multiple sensors. Proc. of 7th Int. Conf. on
     Assembly Automation. 1986.

/57/ Greon,F.C.A. u.a. : Multi-sensor robot assembly station. 5th
     Int. Conf. on RoViSec. 1985.

/58/ Luo,R.C. u.a. : Object recognition with combined tactile and
     visual Information. 4th Int. Conf. on RoViSec. 1984.

/59/ Tsuji,S. u.a. : WIRESIGHT : Robot vision for determining
     three-dimensional geometry of flexible wires. Int. Conf. on
     Advanced Robotics. 1983.

/60/ Schraft,R.D.,Walther,J. und Frankenhauser,B. : Assembly of
     non-rigid parts with sensor controlled industrial robots.
     Proc. of 7th Int. Conf. on Assembly Automation. 1986.

/61/ Merlet,J.P. : A control law for the insertion of a flexible,
     cylindrical peg using a robot. 3rd Int. Conf. on RoViSec.
     1983.

/62/ Warnecke,H.J. und Melchior,K. : Pattern Recognation; An
     element of automation. Proc. of 2nd Int. Conf. on RoViSec.
     1982.

IPA Forschung und Praxis

Schriftenreihe aus dem Institut für Produktionstechnik und Automatisierung, Stuttgart

Herausgeber: Prof. Dr.-Ing. H. J. Warnecke

Stufenweise Ableitung eines praktischen Planungssystems für den Entwicklungsbereich
Von R. Hichert. ISBN 3-7830-0149-8.
1978, 151 Seiten, kartoniert. 52,— DM

Produktionsplanung mit Auftragsfamilien
Von U. W. Geitner. ISBN 3-7830-0161.7.
1979, 110 Seiten, kartoniert. 45,— DM

Thermisch-chemisches Entgraten
Von T. Wagner. ISBN 3-7830-0164-1.
1979, 111 Seiten, kartoniert. 45,— DM

Untersuchung der Materialflußkosten bei ausgewählten Systemen der Zentralen Arbeitsverteilung
Von R. Wenzel. ISBN 3-7830-0162-5.
1979, 168 Seiten, kartoniert. 86,— DM

Anpassung und Einführung eines Planungssystems für die Ablaufplanung im Konstruktionsbereich
Von W. Dangelmaier. ISBN 3-7830-0163-3.
1979, 168 Seiten, kartoniert. 80,— DM

Längenmessungen an bewegten Teilen mit berührungslos wirkenden Aufnehmern
Von H. Lang. ISBN 3-7830-0157-9.
1979, 89 Seiten, kartoniert. 42,— DM

Untersuchung multistabiler Strömungselemente und ihr Einsatz in sequentiellen Steuerungen
Von A. Ernst. ISBN 3-7830-0157-9.
1979, 122 Seiten, kartoniert. 48,— DM

Taktile Sensoren für programmierbare Handhabungsgeräte
Von M. Schweizer. ISBN 3-7830-0158-7.
1979, 91 Seiten, kartoniert. 42,— DM

Die rechnerunterstützte Prüfplanung
Von P. Bläsing. ISBN 3-7830-0152-8.
1979, 100 Seiten, kartoniert. 44,— DM

Verfahren zur Fabrikplanung im Mensch-Rechner-Dialog am Bildschirm
Von W. Ernst. ISBN 3-7830-0156-0.
1979, 218 Seiten, kartoniert. 72,— DM

Rechnerunterstütztes Verfahren zur Leistungsabstimmung von Mehrmodell-Montagesystemen
Von M. Görke. ISBN 3-7830-0155-2.
1979, 139 Seiten, kartoniert. 50,— DM

Standortbezogene Betriebsmittel
Von G. Pflieger. ISBN 3-7830-0167-6.
1979, 127 Seiten, kartoniert. 52,— DM

Die betriebswirtschaftliche Beurteilung neuer Arbeitsformen
Von B.-H. Zippe. ISBN 3-7830-0168-4.
1979, 350 Seiten, kartoniert. 98,— DM

Untersuchung des Arbeitsverhaltens programmierbarer Handhabungsgeräte
Von B. Brodbeck. ISBN 3-7830-0169-2.
1979, 117 Seiten, kartoniert. 48,— DM

Untersuchung eines kohärent-optischen Verfahrens zur Rauheitsmessung
Von N. Rau. ISBN 3-7830-0174-9.
1979, 117 Seiten, kartoniert. 48,— DM

Entwicklung einer programmierbaren, pneumatischen Steuerung
Von D. Klemenz. ISBN 3-7830-0171-4.
1979, 93 Seiten, kartoniert. 42,— DM

IPA Forschung und Praxis

Berichte aus dem Fraunhofer-Institut für Produktionstechnik und Automatisierung, Stuttgart, und dem Institut für Industrielle Fertigung und Fabrikbetrieb der Universität Stuttgart

Herausgeber: Prof. Dr.-Ing. H. J. Warnecke

IPA-IAO Forschung und Praxis

Berichte aus dem Fraunhofer-Institut für Produktionstechnik und
Automatisierung (IPA), Stuttgart, Fraunhofer-Institut für Arbeitswirtschaft
und Organisation (IAO), Stuttgart, und Institut für Industrielle Fertigung
und Fabrikbetrieb der Universität Stuttgart

Herausgeber: Prof. Dr.-Ing. H. J. Warnecke und Prof. Dr.-Ing. H.-J. Bullinger

---

Die Bände sind im Erscheinungsjahr und in den folgenden drei Kalenderjahren zu beziehen durch den
örtlichen Buchhandel oder durch Lange & Springer, Heidelberger Platz 3, D-1000 Berlin 33.